Die „**Sammlung Vieweg**" hat sich die Aufgabe gestellt, Wissens- und Forschungsgebiete, Theorien, chemisch-technische Verfahren usw., die im Stadium der Entwicklung stehen, durch zusammenfassende Behandlung unter Beifügung der wichtigsten Literaturangaben weiteren Kreisen bekanntzumachen und ihren **augenblicklichen Entwicklungsstand zu beleuchten.** Sie will dadurch die Orientierung erleichtern und die Richtung zu zeigen suchen, welche die weitere Forschung einzuschlagen hat.

Verzeichnis der bisher erschienenen Hefte siehe 3. und 4. Umschlagseite.

Als Herausgeber der einzelnen Gebiete, auf welche sich die Sammlung Vieweg zunächst erstreckt, sind tätig, und zwar für:

Physik (theoretische und praktische, und mathematische Probleme):

> Herr Professor **Dr. Karl Scheel**, Physikal.-Techn. Reichsanstalt, Charlottenburg;

Chemie (Allgemeine, Organische und Anorganische Chemie, Physikal. Chemie, Elektrochemie, Technische Chemie, Chemie in ihrer Anwendung auf Künste und Gewerbe, Photochemie, Metallurgie, Bergbau):

> Herr Professor **Dr. B. Neumann**, Techn. Hochschule, Breslau;

Technik (Wasser-, Straßen- und Brückenbau, Maschinen- und Elektrotechnik, Schiffsbau, mechanische, physikalische und wirtschaftliche Probleme der Technik):

> Herr Professor **Dr.-Ing. h. c. Fritz Emde**, Techn. Hochschule, Stuttgart;

Biologie (Allgemeine Biologie der Tiere und Pflanzen, Biophysik, Biochemie, Immunitätsforschung, Pharmakodynamik, Chemotherapie):

> Herr Professor **Dr. phil. et med. Carl Oppenheimer**, München.

Schwankungserscheinungen in der Physik

Von

Dr. Reinhold Fürth

Privatdozent an der Deutschen Universität in Prag

Mit fünf Figuren

Springer Fachmedien Wiesbaden GmbH

1 9 2 0

Herausgeber dieses Heftes:
Geh. Rat Prof. Dr. K. S c h e e l, Berlin

copyright 1920 by Springer Fachmedien Wiesbaden
Ursprünglich erschienen bei Friedr. Vieweg & Sohn, Braunschweig, Germany 1920.
ISBN 978-3-663-19857-4   ISBN 978-3-663-20195-3 (eBook)
DOI 10.1007/978-3-663-20195-3

Dem Andenken Maryan v. Smoluchowskis

gewidmet

Vorwort.

Das vorliegende Büchlein stellt sich zur Aufgabe, über eines der jüngsten Kapitel der modernen Physik, das Kapitel der Schwankungserscheinungen einen Überblick zu gewähren. Das Bedürfnis nach einer systematischen Darstellung des in dieses Gebiet einschlägigen Stoffes schien mir zu bestehen einerseits aus dem Grunde, weil es sich hier um eine zum Teil ganz neue Behandlungsweise physikalischer Probleme handelt, die auch einem weiteren Publikum als den engeren Fachgenossen Interesse einflößen dürfte, anderseits da eine solche einheitliche Darstellung des gesamten über diesen Gegenstand vorliegenden Forschungsmaterials bisher nicht existiert.

Was die Darstellung betrifft, so habe ich zunächst getrachtet, die mathematisch-wahrscheinlichkeitstheoretischen Grundlagen der Schwankungstheorie möglichst sauber herauszuarbeiten und in die knappeste Form zu kleiden, sowie, wo es nur anging, zur Illustration der erbrachten Formeln, Beispiele aus der Statistik einzufügen. Im physikalischen Teile habe ich es im Interesse der Übersichtlichkeit unterlassen, auf experimentelle Details einzugehen, mich vielmehr damit begnügt, die hauptsächlichsten Untersuchungsmethoden in mehr schematischer Weise zu charakterisieren.

Von der großen Menge quantitativer experimenteller Resultate habe ich diejenigen zur Ergänzung meiner Ausführungen ausgesucht, von denen ich glaube, daß aus ihnen die erforschten Gesetzmäßigkeiten am klarsten hervorgehen, ohne damit andere Untersuchungen als weniger wichtig hinstellen zu wollen.

Von theoretischen Überlegungen habe ich auch solche explizit in meine Darstellung aufgenommen, die bisher noch keiner experimentellen Verifikation unterworfen wurden, von denen ich aber glaube, daß es in kürzerer oder längerer Zeit sehr wohl möglich sein könnnte, sie auch von der experimentellen Seite erfolgreich in Bearbeitung zu nehmen.

Eine Reihe nur angedeuteter Probleme harrt noch ihrer Lösung; es wäre ein großer Erfolg dieses Büchleins, wenn es ihm gelänge, einen oder den anderen seiner Leser zu seiner Lösung angeregt zu haben.

Unter allen Forschern, die zum Ausbau der Schwankungstheorien Anlaß gegeben haben, steht Maryan von Smoluchowski an erster Stelle. Nicht nur, daß er der erste war, der die große Bedeutung der statistischen Methoden in der Physik darin erkannte, daß sie ein Bindeglied zwischen unserer Makrowelt und dem Mikrokosmos der Moleküle Atome und Elektronen bilden, der unseren Sinnen bis jetzt auf direktem Wege noch nicht zugänglich ist; von ihm stammt auch ein guter Teil der theoretischen Ergebnisse, die auf diesem Gebiete zu verzeichnen sind, und seinem befruchtenden Einflusse ist eine ganze Reihe experimenteller Bearbeitungen der aufgeworfenen Probleme zuzuschreiben. Es erschien mir daher eine Pflicht, dieses Buch dem Andenken des großen, allzufrüh dahingegangenen Mannes zu widmen.

Prag, im Dezember 1919.

Der Verfasser.

Inhaltsverzeichnis.

Seite

Vorwort V

Inhaltsverzeichnis VII

Einleitung 1

Erstes Kapitel. **Die Schwankungen vom Standpunkt der Wahrscheinlichkeitsrechnung** 11

  A. Schwankungen ohne Wahrscheinlichkeitsnachwirkung 11

    1. Grenzfall 17

    2. Grenzfall 20

    3. Grenzfall 22

    4. Schwankungen bei indirekter Beobachtung 23

  B. Schwankungen mit Wahrscheinlichkeitsnachwirkung 25

    1. Intermittierende Beobachtung 26

    2. Kontinuierliche Beobachtung 33

    3. Schwankungserscheinungen an der Reihe der Wiederkehrzeiten (kontinuierliche Beobachtung) 35

    Literatur zum ersten Kapitel 38

Zweites Kapitel. **Schwankungserscheinungen im Gebiete des mikroskopisch Sichtbaren (Kolloidstatistik)** 39

  A. Statistisches Gleichgewicht einer Suspension mit Vernachlässigung der Schwere 40

    1. Theoretisches 40

    2. Experimentelles 43

  B. Statistisches Gleichgewicht einer Suspension unter Einwirkung der Schwerkraft 48

    Literatur zum zweiten Kapitel 50

Drittes Kapitel. **Schwankungserscheinungen im Gebiete der Molekülwelt (thermodynamische Statistik)** 51

  A. Mikrokanonische Gesamtheit 52

    a) Dichteschwankungen 55

    b) Temperaturschwankungen 56

    c) Energieschwankungen 57

    d) Druckschwankungen 58

    e) Schwankungen des Brechungsquotienten 58

    f) Konzentrationsschwankungen von Gemischen 61

  B. Kanonische Gesamtheit 64

  C. Überschreitungserscheinungen 67

    Literatur zum dritten Kapitel 69

Seite

Viertes Kapitel. **Schwankungen des elektrischen und magnetischen Zustandes** 70

A. Schwankungen der Ladungsdichte 70
B. Schwankungen beim Ladungstransport 71
C. Magnetische Schwankungen 72
Literatur zum vierten Kapitel 74

Fünftes Kapitel. **Schwankungen im Molekülinnern (chemische Schwankungen)** 74

Sechstes Kapitel. **Schwankungen im Atominnern (radioaktive Schwankungen)** 75

A. Schwankungen der Anzahl der in einer bestimmten Zeit zerfallenden Atome 77
1. Messung der Ladungsgeschwindigkeit 77
2. Zählmethoden 78
a) Methode der Szintillationen 78
b) Methode der Stoßionisation 79
3. Ionisationsmethoden 81
a) Differentialmethode 81
b) Kompensationsmethode 82
B. Schwankungen in der Ionisierung 85
C. Schwankungen der Zeit zwischen zwei Zerfallsereignissen 87
D. Schwankungen der Reichweite 89
Literatur zum sechsten Kapitel 90

Siebentes Kapitel. **Strahlungsschwankungen** 91
Literatur zum siebenten Kapitel 93

Schluß 93

Autorenregister 94

Einleitung.

Die Schwankungserscheinungen bilden eines jener Kapitel der Physik, die einer scheinbar geringfügigen Beobachtung ihr Leben verdanken und dann in überraschend kurzer Zeit eine ungeahnte Bedeutung erlangen. So war es etwa mit der Entdeckung der Röntgenstrahlen und der Radioaktivität. Während jedoch diese immerhin nur beschränkte physikalische Gebiete in neuem Lichte erscheinen lassen, macht es den Eindruck, als ob man es bei den Schwankungserscheinungen, von denen die vorliegende Monographie handelt, mit einer naturwissenschaftlichen Betrachtungsweise zu tun hätte, die geeignet wäre, das ganze Gebiet dieser Wissenschaft von einem neuen, und anfangs fremdartig anmutenden Gesichtspunkte betrachten zu lassen. Da sie sich im wesentlichen auf die Annahme einer diskontinuierlichen Struktur der Materie stützt, ist es vielleicht nicht überflüssig, einen Blick auf die Entwickelung dieser Theorie seit ihrer Entstehung zu werfen.

Bereits der alten griechischen Philosophie war die Annahme einer diskontinuierlichen Struktur der Materie geläufig. Demokritos aus Abdera, der Begründer der atomistischen Schule, stellte aus dem Bestreben heraus, die Volumveränderung der Körper durch die Wärme, ihre mechanischen und chemischen Eigenschaften zu erklären, die Hypothese auf, alle Materie bestehe aus kleinsten unteilbaren Körperchen, den Atomen ($\mathring{\alpha}\tau o\mu\alpha$ die Unteilbaren), die durch leere Räume getrennt sind, und aus deren Bewegung und relativer Ortsveränderung gegeneinander alles Geschehen auf der Welt seinen Ursprung habe. Die verschiedenen spezifischen Eigenschaften der unterschiedlichen Substanzen schreibt er bestimmten Eigenschaften, der Gestalt und Größe ihrer Atome zu.

Die Lehre, die sich nie einer allgemeinen Herrschaft erfreut hatte, geriet allmählich in Vergessenheit, vornehmlich aus dem Grunde, weil sie durch die allgewaltige Autorität der Aristotelischen Philosophie völlig in den Schatten gedrängt ward. Diese Ansicht geht nämlich dahin, daß alle Körper aus vier Elementen: Feuer, Wasser, Luft und Erde aufgebaut seien und sich nur durch verschiedenerlei Mischung dieser Grundstoffe voneinander unterscheiden. So groß war nun das Ansehen und die Autorität der Peripatetischen Schule, daß bis zum Beginn des 17. Jahrhunderts die Physik und Chemie fast ausnahmslos auf dem Boden ihrer Lehren stand und mit dogmatischer Strenge an ihnen festhielt.

Der erste, der die alte Lehre der Atomisten aus dem Schutte der Vergangenheit hervorzog, sie zu seiner eigenen machte und sie kühn gegen die Ansichten der ganzen damaligen gelehrten Welt verteidigte, war Gassendi. Er paßte die Atomhypothese dem zu jener Zeit gegenüber dem Altertum selbstredend stark erweiterten Kreise physikalischer Erkenntnis an und glaubte so, die Gesamtheit des Naturgeschehens durch geeignete Bewegung von Atomen verschiedener Größe und Gestalt, sowie durch ihre gegenseitigen Zusammenstöße restlos erklären zu können.

Die Gründe dafür, daß sich diese Renaissance der Atomhypothese rasch als Herrschende durchsetzte und die auf ihrer Grundlage errichtete rein materialistische Weltanschauung die allgemeine in den Kreisen der Naturforscher wurde, sind im wesentlichen zweierlei Art.

Der erste Beweggrund ist die Newtonsche Entdeckung der allgemeinen Gravitation. Seit es mit ihrer Hilfe gelungen war, mit bis dahin ungeahnter Exaktheit ein naturwissenschaftliches Gebäude aufzuführen, das in seiner Großartigkeit auch heute noch unübertroffen dasteht, ich meine das Gebäude der Himmelsmechanik, das zu Beginn das 19. Jahrhunderts in Laplaces „Mécanique céleste" seine Krönung fand, verschaffte sich der Gedanke rasch Eingang in der Physik, auch zwischen den Atomen der Körper Gravitationskräfte als wirkend anzunehmen und so mit denselben Hilfsmitteln den Makrokosmos der Weltkörper im Raume und den Mikrokosmos der Atome in den Körpern zu beherrschen.

Anderseits war zu Ende des 18. Jahrhunderts durch Lavoisier die Epoche der modernen chemischen Forschung eingeleitet worden, deren Gesetzmäßigkeiten in der Annahme atomistischer Struktur der Materie die einfachste Deutung zu finden schienen. Hier war es Avogadro, der die noch heute im wesentlichen als gültig anerkannten Hypothesen über die Zusammensetzung der chemischen Substanzen in die Wissenschaft eingeführt hat, indem er eine scharfe Unterscheidung zwischen den bis dahin synonym gebrauchten Ausdrücken Atom und Molekül herstellte, das chemische Element atomistisch definierte und sein berühmtes Fundamentalgesetz über die Anzahl der Gasmoleküle in einem bestimmten Volum aussprach.

Kein Wunder, daß durch diese unabhängig voneinander erzielten großen Erfolge der atomistischen Strukturhypothesen die Sachlage sich um die Mitte des 19. Jahrhunderts so gestaltet hatte, daß die Physik ohne den Begriff des Atoms überhaupt nicht mehr auszukommen vermeinte.

Nun war man aber, in dem Bestreben nach einheitlicher Auffassung des Weltgeschehens auf Grund dieser Anschauungen, entschieden weit über das Ziel hinausgeschossen. Der ungeheuer erweiterte Kreis der naturwissenschaftlichen Erkenntnis machte es immer häufiger nötig, zur Erklärung der beobachteten Phänomene den Atomen immer wieder neue Eigenschaften zuzuschreiben, immer wieder ad hoc erfundene und einander nicht selten sogar widersprechende Hypothesen aufzustellen. Es ist daher verständlich, daß ein halbwegs kritisch veranlagter Geist dieser Entwickelung der Dinge ein immer mehr wachsendes Mißtrauen entgegenbringen mußte, und daß die Sachlage schließlich mit Macht die Forderung nach einer kritischen Entscheidung darüber forderte, inwieweit die atomistischen Hypothesen bei dem damaligen Stande der Erkenntnis ein geeignetes Mittel zur Ausdeutung der Beobachtungen darstellten.

Diese kritische Richtung bekam nun durch eine der bedeutendsten Entdeckungen der neueren Zeit eine gewaltige Stütze, nämlich durch Robert Mayers und Helmholtz' Entdeckung des Satzes von der Erhaltung der Energie um die Mitte des vorigen Jahrhunderts, der zusammen mit dem Clausiusschen Satze von der Vermehrung der Entropie die Grundlage der Thermodynamik bildet. Das Gebäude der Thermodynamik ist nun aber wegen seines phänomenologischen Charakters geeignet, selbst dem strengsten Skeptizismus gegen physikalische Hypothesen standzuhalten, sofern nur seine beiden Grundpfeiler genügend fest fundiert erscheinen. In der Tat war es mit ihrer Hilfe bald möglich, eine Fülle von physikalischen Tatsachen, die ihrer Deutung durch die atomistischen Hypothesen hartnäckig Widerstand leisteten, durch diese Methode auf überraschend einfache Weise zu beherrschen, wobei der Thermodynamiker vor dem Atomisten noch den Vorteil voraus hat, daß seine Resultate von der Richtigkeit oder Unrichtigkeit einer speziellen Hypothese unabhängig sind und jede zutreffende Hypothese sich seinen Sätzen unterordnen muß.

Ein dieser Entwickelung fast analoger Vorgang vollzog sich in der zweiten Hälfte des vorigen Jahrhunderts bezüglich der Theorie der Elektrizität. Auch hier gelang es Maxwell, fußend auf den Anschauungen von Faraday, ausgehend von einigen wenigen, phänomenologisch als richtig erkannten Gesetzen, ein System von Gleichungen aufzustellen, das ohne spezielle Hypothesen über die Struktur der Elektrizität nicht nur eine Fülle der damals bekannten elektrischen, sondern auch ein gut Teil der optischen Erscheinungen zu beherrschen gestattete, wiederum, im Gegensatz zu dem früher verfolgten hypothetischen, auf einem phänomenologischen Wege.

So kam es, daß der Kritizismus gegen die Atomistik in der Physik immer weiter um sich griff und fast allgemein einer rein phänomenologischen Behandlungsweise der Probleme Bahn machte, unter Heranziehung möglichst weniger allgemeiner und einleuchtender Sätze. Dazu kam nun noch als weitere Stütze, daß auch von seiten der Erkenntnistheorie Einwände gegen die Anwendung von Hypothesen erhoben wurden, deren Realität prinzipiell unbeweisbar sei. So hat z. B. Mach aus dem Grunde die atomistischen Hypothesen auf das schärfste bekämpft, weil er sie als prinzipiell unbeweisbar ansah, und ihnen daher höchstens einen heuristischen Wert zusprach.

Trotz der unleugbar großen Erfolge der phänomenologischen Richtung in der Physik hatte diese doch zur Folge, daß die durch die mechanistischen Anschauungen angestrebte einheitliche Auffassung aller Phänomene zum großen Teil verloren ging. Es entstand daher das Bestreben, womöglich auf irgendeine Weise die verlorengegangene Einheitlichkeit wieder herzustellen. Ein solcher, wenn auch mißglückter, doch immerhin beachtenswerter Versuch war die Ostwaldsche Energetik, welche sich die Aufgabe gestellt hatte, die Gesamtheit des Geschehens, also natürlich auch die Mechanik, auf ihre zwei Hauptsätze zurückzuführen. Die Unmöglichkeit der strengen Durchführung dieses Gedankens auf die Mechanik hat jedoch bereits Boltzmann widerlegt.

Wenn sich nun auch die Energetik nicht rühmen kann, eine Zeitlang wenigstens als allgemeine physikalische Weltanschauung dominiert zu haben, so war doch immerhin gegen Ende des vorigen Jahrhunderts die Sachlage so, daß die Atomistik durch die großen Erfolge der Thermodynamik und Elektrodynamik völlig verdrängt, ihre Rolle als ernst zu nehmende physikalische Hypothese endgültig ausgespielt zu haben schien. Man erkannte zwar nach wie vor den heuristischen Wert ihrer Betrachtungsweise an, doch war es nur gestattet, unter der ausdrücklichen Verklausulierung, daß es sich um ein heuristisches Hilfsmittel handle und daß man diesen „Modellen" keine reale Existenz zuerkenne, als ernst zu nehmender Forscher von Atomen und Molekülen zu sprechen.

Es ist eine recht merkwürdige Erscheinung, daß gerade zu dieser Zeit des heilig gehaltenen Phänomenologismus der Grundstein zu den modernen Anschauungen über die Dinge gelegt wurde durch Boltzmanns Fortbildung der kinetischen Gastheorie und durch Aufstellung seiner statistischen Mechanik, die ja gerade das Fundament der Schwankungstheorie bildet. Es unterliegt keinem Zweifel, daß Boltzmann von der Realität der diskontinuierlichen Struktur der Materie überzeugt war, für deren Brauchbarkeit als bloßes heuristisches Hilfsmittel er manche Lanze gebrochen hat, obschon er diese Ansicht schriftlich nirgendwo niederlegte. Aus dieser festen Überzeugung heraus erwuchs sein Bestreben, die der Thermodynamik zugrunde liegenden Sätze auf der Basis mechanistischer Vorstellungen zu beweisen. So entstand eben die statistische Mechanik, die zum erstenmal ein der Physik scheinbar völlig fremdes Element, nämlich die Wahrscheinlichkeitsrechnung zu Hilfe nahm. Es bedeutet das einen Verzicht auf dasjenige, was bis dahin gerade als Haupterfordernis jeder exakten Disziplin galt, nämlich, vermöge der völligen Determiniertheit der physikalischen Vorgänge mit Eindeutigkeit aus dem gegenwärtigen auf den zukünftigen Zustand zu schließen. Es gelang ihm so in der Tat, den Satz von der Vermehrung der Entropie auf statistisch-mechanische Grundlage zu bringen.

Ein tragisches Geschick hat es Boltzmann selbst nicht erleben lassen, zu sehen, wie die Früchte seiner Saat in den letzten Jahren über alles Erwarten schön gediehen sind.

Solange man die atomistischen Hypothesen höchstens als heuristische Hilfsmittel der Forschung gelten ließ, war es zwar eine sehr reizvolle Aufgabe, auf ihrer Grundlage, wie es z. B. in der älteren Gastheorie geschah, makroskopische Gesetzmäßigkeiten durch einen molekularen Mechanismus zu deuten, jedoch war es immerhin zweifelhaft, ob die Beschäftigung mit diesem Gebiet viel mehr als bloße Spielerei wäre, wenn man ihrem Gegenstand jede physische Existenz absprach. Gerade hierin aber hat die neueste Zeit gründlichen Wandel geschaffen, indem es der modernen experimentellen Forschung gelungen ist, für die reale Existenz einer Atomistik der Materie eine Reihe von Existenzbeweisen zu erbringen, soweit man überhaupt bei naturwissenschaftlichen Beobachtungen von Existenzbeweisen sprechen darf. Ja, man hat bereits eine Anzahl voneinander unabhängiger Methoden ersonnen, um über die Gestalt, Größe, Geschwindigkeit und Anzahl der Molekel und Atome der Körper präzise Angaben machen zu können. Damit rücken die Ergebnisse der Gastheorie, namentlich aber die statistische Mechanik und Boltzmanns Arbeiten in ein neues Licht. Sie sind nunmehr nicht bloß von heuristischem Werte, sondern sind ein unentbehrliches Hilfsmittel des Physikers geworden, der sich die Aufgabe stellt, diese unseren Sinnen bis jetzt noch nicht direkt zugängliche Welt der Atome zu erforschen.

Um uns darüber klar zu werden, auf welche Weise man zu einem solchen Existenzbeweis gelangen konnte, müssen wir zunächst einmal die Methode ins Auge fassen, wie der Atomist vermittelst seiner Vorstellungen die direkt beobachtbaren physikalischen Erscheinungen zu deuten vermag. Im wesentlichen beruht jede solche Deutung auf dem Gesetz der großen Zahlen, das von der Wahrscheinlichkeitsrechnung übernommen wird. Nehmen wir ein Beispiel aus der natürlichen Statistik. Die mannigfachen Umstände, welche die Lebenszeit eines Menschen bestimmen, sind so zahlreich und kompliziert, daß es uns wohl niemals möglich sein wird, aus ihnen den Zeitpunkt des Ablebens eines Individuums vorauszubestimmen, so daß es scheinbar gar keiner Gesetzmäßigkeit unterliegt, welche Individuen einer größeren Gesamtheit von Menschen im Laufe eines Jahres leben bleiben, welche sterben werden. Fassen wir aber, ohne auf die Individualität der einzelnen Rücksicht zu nehmen, bloß ihre Gesamtzahl ins Auge, so wird man finden, daß diese Zahl der jährlich Ablebenden, wenn sich die Lebensverhältnisse im Laufe der Zeit nicht merklich verändern, einen ganz bestimmten Bruchteil der Einwohnerzahl des

Gebietes ausmacht und mit ziemlicher Konstanz von Jahr zu Jahr wiederkehrt. Wir haben es hier, um mit einem Ausdruck der Statistik zu sprechen, mit einer sogenannten statistischen Massenerscheinung zu tun. Die Wahrscheinlichkeitsrechnnng, auf solche Massenerscheinungen angewendet, lehrt uns, daß trotz oder gerade wegen der völligen Zufälligkeit der Einzelereignisse unserer Gesamtheit, eben diese Gesamtheit sehr einfachen Gesetzmäßigkeiten gehorcht. Dasselbe finden wir bei allen statistischen Massenerscheinungen wieder und in einer ähnlichen Lage befindet sich auch der Atomtheoretiker bei Anwendung seiner Hypothesen.

Obschon das den Bewegungsgleichungen der Mechanik gehorchende individuelle Atom in seinem Geschick völlig determiniert ist, so wird es doch infolge der ungeheuren Kompliziertheit der die Bewegung mitbestimmenden äußeren Umstände praktisch völlig unmöglich sein, die Bahn eines solchen Atoms irgendwie vorauszuberechnen, sie wird scheinbar dem Zufall allein unterliegen. Die Gesamtheit der in jedem, auch noch so kleinen Körper noch immer in sehr großer Anzahl enthaltenen Atome dagegen stellt eine statistische Gesamtheit dar. Der Gesamteffekt der Atome ist eine statistische Massenerscheinung und gehorcht daher deren einfachen Gesetzmäßigkeiten. So führt uns also die atomistische Auffassung dazu, die aus den makroskopischen Beobachtungen erschließbaren physikalischen Gesetze als statistische Massenerscheinungen zu deuten, die zwar infolge dieses Umstandes der völligen Exaktheit entbehren, jedoch wegen der großen Zahl der mitspielenden Einzelereignisse diesen Mangel nicht sichtbar werden lassen. Von vornherein dagegen verzichtet der Atomist darauf, die Vorgänge in seiner Welt bis ins Detail an jedem individuellen Atom zu verfolgen.

Gerade in dieser Auffassung des physikalischen Geschehens nun liegt aber auch schon der Kern für den zu führenden Existenzbeweis eingeschlossen, was von den älteren Atomisten übersehen wurde, die meist selbst gar nicht an die Möglichkeit dachten, von ihrem Mikrokosmos irgendwie anders als auf ihrem hypothetischen Wege Kenntnis zu erlangen. Sind nämlich wirklich die makroskopischen Gesetzmäßigkeiten Ausdruck einer statistischen Massenerscheinung und die molekularen Erscheinungen durchaus dem Spiele des Zufalls unterworfen, dann muß es ein Gebiet geben, das ich das mikroskopische nennen will, in dem zwar die zufälligen Einzelereignisse der Atomwelt nicht zu beobachten sind, hingegen infolge der verhältnismäßig geringen Zahl mitspielender Atomereignisse die makroskopischen Parameter nicht mehr die Konstanz der Massenerscheinungen besitzen, sondern gewissen unregelmäßigen, aber beobachtbaren Schwankungen unterworfen sind. Solche Schwankungen werden tatsächlich von der Wahrscheinlichkeitsrechnung in ihren Anwendungen auf statistische Probleme gefordert und ihr Nachweis in mikroskopischen physikalischen Gebieten ist nicht nur eine Gewähr für die Richtigkeit der oben ausgesprochenen Ansichten, sondern läßt, wie es aus dem Inhalt des folgenden hervorgehen wird, quantitative Schlüsse auf die uns bis jetzt direkt noch nicht zugängliche Atomwelt zu.

Es ist ein sonderbares Zusammentreffen, daß gerade zur Zeit der Blüte des Phänomenologismus eine physikalische Erscheinung bereits lange entdeckt war, die nicht gut anders, denn als Schwankungserscheinung im oben definierten Sinne gedeutet werden kann, die Brownsche Bewegung. Im Jahre 1828 bereits hatte nämlich der Botaniker Brown beobachtet, daß kleine, in einer Flüssigkeit suspendierte Partikel unter dem Mikroskop in stetiger, tanzender und unregelmäßiger Bewegung erscheinen. Die Entdeckung wurde aber von der gelehrten Mitwelt wenig beachtet und geriet fast in Vergessenheit, bis im Jahre 1906, von dem skizzierten Gedankengang ausgehend, fast gleichzeitig Einstein und Smoluchowski die durch die Stöße der Moleküle an einem, in einer Flüssigkeit suspendierten Partikel hervorgerufenen Bewegungen im mikroskopischen Gebiet qualitativ und quantitativ voraussagten und die Identität dieser Bewegung mit Browns Phänomen wahrscheinlich machten. Damit war für die Forschung der Anstoß zum Weiterschreiten auf dem neuen Wege der Schwankungserscheinungen gegeben. Der Experimentator bemächtigte sich des Problems und es gelang so, in immer weiterem Umfange die von der Theorie allenthalben geforderten Schwankungserscheinungen tatsächlich in der Natur nachzuweisen und so eine einigermaßen genaue Kenntnis der Molekülwelt zu erlangen.

Der eindringlichen Kraft derartiger Existenzbeweise kann sich nun heutzutage wohl kein Physiker, selbst der hartnäckigste Anhänger der Energetik, entziehen und es ist nunmehr notwendig, mit der Realität der Atome als mit einem mächtigen Faktor auf dem Gebiete der Forschung zu rechnen. Daß unter diesen Verhältnissen die statistische Mechanik zu hohen Ehren gelangen mußte, ist klar, und sie hat sich auch dieser Ehre würdig erwiesen, indem mit ihrer Hilfe die Lösung der wichtigsten Aufgabe gelang, die phänomenologischen Grundlehren mit denen der Atomistik in Konnex zu bringen. Auf diesem Wege den ersten und entscheidenden Schritt getan zu haben, ist das Verdienst Smoluchowskis. Er hat das von Boltzmann angeschnittene Problem der Deutung des zweiten Hauptsatzes der Thermodynamik auf wahrscheinlichkeitstheoretischer Basis völlig geklärt und seinem Aufschluß ist es zu verdanken, daß wir jetzt mit ziemlicher Sicherheit aussprechen können, daß diesem Satze kein strenger, sondern nur ein wahrscheinlichkeitstheoretischer Sinn zukommt. Auch ist diesem Forscher ein gut Teil der theoretischen Grundlagen der im folgenden entwickelten Schwankungsprobleme zuzuschreiben.

Einen ähnlichen Verlauf, wie ich ihn hier kurz skizziert habe, haben auch die Hypothesen über die Struktur der Elektrizität genommen. Auch hier haben wir die Entwickelung von der Fluidumstheorie über den Phänomenologismus Maxwells zur Lorentzschen Elektronentheorie. In diesem Falle liegen die Verhältnisse aber leider nicht so günstig, als wir sie bei der Entscheidung betreffs der Strukturtheorien der Materie angetroffen haben. Es ist bis jetzt noch nicht gelungen, die elektrischen Meßmethoden so weit zu verfeinern, daß es möglich geworden wäre, ein dem „mikroskopischen" analoges Schwankungsgebiet zu erreichen. Daher ist trotz der unzweifelhaft sehr großen Erfolge der Elektronentheorie bis heute die Frage nach der Existenz eines Atoms der Elektrizität noch nicht entschieden, ja von seiten Ehrenhafts und der von ihm begründeten Schule wird diese sogar auf das heftigste in Abrede gestellt. Ohne auf diese Streitfrage hier eingehen zu wollen, wird es doch immerhin von theoretischem Interesse sein, die aus der Annahme der Elektronentheorie entspringende Forderung nach dem Auftreten von Schwankungserscheinungen der elektrischen Parameter zu diskutieren. Vielleicht wird es in Zukunft möglich sein, auf solcher Basis die strikte Entscheidung über die Richtigkeit der einen oder anderen Hypothese über die Struktur der Elektrizität treffen zu können.

Dasselbe gilt auch betreffs der theoretisch postulierten Schwankungen des Energieinhaltes und des Energietransportes durch die Strahlung, die zwar infolge derzeit noch unvollkommener experimenteller Hilfsmittel einer Verifikation noch nicht unterzogen werden konnten, jedoch dennoch hier nicht übergangen werden durften, da es vielleicht mit ihrer Hilfe möglich sein wird, die Entscheidung über die Richtigkeit oder Unrichtigkeit der Planckschen Quantenhypothese fällen zu können.

Für die Einteilung des Stoffes erschien es mir zweckmäßig, so vorzugehen, zunächst in einem eigenen Kapitel die statistischen und wahrscheinlichkeitstheoretischen Grundlagen, soweit sie für die Deutung der Schwankungserscheinungen von Wichtigkeit sind, möglichst losgelöst von den mit ihrer Hilfe behandelten physikalischen Problemen in rein statistischem Sinne zu entwickeln, was ja auch an und für sich von Interesse sein dürfte und wobei ich nach Möglichkeit getrachtet habe, die entsprechenden Formelresultate auch durch einfache Beispiele aus der natürlichen Statistik zu illustrieren.

Der nächste Schritt führt uns zur Welt der Kolloide, jenem Gebiet, wo es dem Experimentator noch möglich ist, mit dem Mikroskop die „Einzelereignisse" im Mechanismus der kolloidalen Erscheinungen zu verfolgen, gleichsam ein Bild der Molekülwelt in vergrößertem Maßstabe. Ich versehe dieses Kapitel mit der passenden Überschrift „Kolloidstatistik".

Im nächsten Abschnitt steigen wir in die Welt der Moleküle hinab. Hier leitet uns die statistische Mechanik und weist uns, wie wir aus den beobachtbaren Schwankungen der thermodynamischen Parameter auf die Molekülwelt schließen können: Thermodynamische Statistik.

In den nun folgenden Kapiteln wird zunächst ein Blick auf das Innere des Moleküls geworfen und auf die elektrischen und magnetischen Schwankungen das Augenmerk gerichtet.

Mit den, nach den Anschauungen der radioaktiven Forschung zu erwartenden Schwankungserscheinungen im Innern des Atoms, die den radioaktiven Erscheinungen ihren statistischen Charakter geben, und mit den hier auch tatsächlich auf mannigfache Weise beobachtbaren Effekten beschäftigt sich der nächste Abschnitt.

Im letzten wird schließlich noch rasch das Gebiet der Strahlungsschwankungen durchstreift, so daß wir auf diese Weise tatsächlich so ziemlich das ganze Gebiet der Physik durchmustern und uns überzeugen können, daß sich aller Voraussicht nach wohl kaum eines finden lassen wird, in dem Schwankungserscheinungen nicht eine Rolle spielen. Sache der Experimentierkunst wird es sein, durch Verfeinerung der Beobachtungsmethoden das, was bis jetzt vielfach nur als theoretischer Ansatz existiert, auf seine Richtigkeit zu prüfen und so unsere Kenntnis vom Mikrokosmos bis zur Grenze der Möglichkeit zu erweitern. Und daß bei der Fülle des noch zur Verfügung stehenden Neulandes dem Forscher der Boden ausgehen könne, ist in absehbarer Zeit nicht zu erwarten.

Erstes Kapitel.

Die Schwankungen vom Standpunkte der Wahrscheinlichkeitsrechnung.

Entkleidet man die Theorien der verschiedenen physikalischen Schwankungserscheinungen ihres der jeweiligen Erscheinungsform angepaßten Gewandes und sucht den mathematisch wahrscheinlichkeitstheoretischen Kern herauszuschälen, so findet man, daß bei den meisten vorliegenden Problemen folgendes altbekannte Problem der Wahrscheinlichkeitsrechnung zugrunde liegt:

Wir betrachten eine Serie, bestehend aus N voneinander unabhängigen Einzelereignissen, deren jedes entweder „günstig" oder „ungünstig" ausfallen kann. Die für alle N Einzelereignisse gleiche Wahrscheinlichkeit eines günstigen Ausfalles sei p, die eines ungünstigen $q = 1 - p$. Die Anzahl der günstigen Ereignisse einer solchen Serie sei n. Vorausgesetzt ist nun, daß es in unserem Ermessen steht, beliebig viele Serien nacheinander in unbegrenzter Anzahl zu beobachten. Dabei lassen wir die Möglichkeit offen, daß der günstige oder ungünstige Ausfall eines bestimmten Einzelereignisses in der k-ten Serie auf den Ausfall desselben Ereignisses in der $k + 1$-ten Serie irgendeine Nachwirkung ausübt (Wahrscheinlichkeitsnachwirkung). Gefragt ist nun nach den Gesetzmäßigkeiten, nach denen sich die Zahlen n in der Zeit verteilen.

A. Schwankungen ohne Wahrscheinlichkeitsnachwirkung.

Unter diesen Umständen ist der Ausfall irgendeiner Serie von der vorausgegangenen gänzlich unabhängig, wir haben eine „statistische" Reihe im engeren Sinne vor uns.

Wir führen folgende Bezeichnungen ein:

$W(n)$: Wahrscheinlichkeit des Auftretens der Zahl n, $N - n = m$, $v =$ Mittelwert der Zahl n, λ: jene größte ganze Zahl, die von v übertroffen wird.

Nach dem Bernoullischen Theorem ist $v = pN$. Die Größe $\delta = \dfrac{n-v}{v}$ nennen wir „relative Schwankung" von n. Sind n_1 und n_2 zwei aufeinanderfolgende Werte von n, so bezeichnen wir $\varDelta = n_1 - n_2$. Folgen die einzelnen Serien in gleichen Zeitabständen τ aufeinander, so heiße „durchschnittliche Dauer des n-Zustandes" die Zeit, während derer im Mittel ununterbrochen die Zahl n auftritt. Sie werde mit T bezeichnet. Ähnlich sei Θ die durchschnittliche Wiederkehrzeit des n-Zustandes.

Es lassen sich leicht folgende Formeln ableiten:

$$W(n) = \binom{N}{n} p^n q^m \quad \text{(Newtonsche Formel)} \qquad (1)$$

$$|\overline{\delta}| = 2\,W(\lambda)\left(1 - \frac{\lambda\,p}{v}\right) \qquad (2)$$

Beweis: $n - v = n - pN = qn - pm$

$$v\,|\overline{\delta}| = \sum_{n=0}^{N} W(n)\,|n-v| = \sum_{n=0}^{\lambda} \frac{N!}{n!\,(m-1)!}\,p^{n+1}q^m$$

$$-\sum_{n=0}^{\lambda} \frac{N!}{(n-1)!\,m!}\,p^n q^{m+1} + \sum_{n=\lambda+1}^{N} \frac{N!}{(n-1)!\,m!}\,p^n q^{m+1}$$

$$-\sum_{n=\lambda+1}^{N} \frac{N!}{n!\,(m-1)!}\,p^{n+1}q^m = \frac{2\,N!}{\lambda!\,(N-\lambda-1)!}\,p^{\lambda+1}q^{N-\lambda}$$

$$= 2\,W(\lambda)(N-\lambda)\,p.$$

$$\overline{\delta^2} = \frac{q}{v} = \frac{1}{v} - \frac{1}{N} \qquad (3)$$

Beweis:

$$v^2\,\overline{\delta^2} = \sum_{n=0}^{N} W(n)(v^2 - 2nv + n^2) = v^2 - 2vNp \sum_{n=1}^{N} \binom{N-1}{n-1} p^{n-1}q^m$$

$$+ N(N-1)p^2 \sum_{n=2}^{N} \binom{N-2}{n-2} p^{n-2}q^m + Np \sum_{n=1}^{N} \binom{N-1}{n-1} p^{n-1}q^m$$

$$= v^2 - 2v^2 + (v^2 - vp) + v = vq = Npq.$$

Die Formeln (2) bzw. (3) wollen wir als Formeln für die „Schwankungsgröße" bezeichnen [5] [6] [7] [8] [9] [10] [19]).

Ferner erhält man sofort bei festgehaltenem n_1

$$\overline{\Delta(n_1)} = \overline{(n_1 - n_2)} = n_1 - \overline{n_2} = n_1 - v.$$

Daher allgemein

$$\overline{\Delta(n)} = n - v. \tag{4}$$

Ferner für willkürliches n_1

$$\overline{\Delta^2} = \overline{(n_1 - n_2)^2} = \overline{(n_1 - v)^2} + \overline{(n_2 - v)^2} - 2\overline{(n_1 - v)(n_2 - v)} = 2v^2\delta^2$$

oder mit Benutzung von (3)

$$\overline{\Delta^2} = 2vq. \tag{5}$$

Die Formeln (4) und (5) bezeichnen wir als Formeln für die „Schwankungsgeschwindigkeit" [9] [10]).

Schließlich ergibt eine einfache Überlegung

$$T = \frac{\tau}{1 - W(n)} \tag{6}$$

$$\Theta = \frac{\tau}{W(n)} \tag{7}$$

Obschon die hier entwickelten Formeln zum großen Teil bereits durch Anwendung auf natürliche statistische Reihen illustriert worden sind, schien es mir doch aus Gründen der Anschaulichkeit zweckmäßig, an dieser Stelle eine kleine Statistik einzuschalten, an der man unsere Formeln (1) bis (7) leicht verifizieren kann.

Die angestellte Beobachtungsserie bestand in dem Auswerfen von 10 gleichartigen Münzstücken, das „günstige" Ereignis eines Einzelfalles der Serie war das Obenliegen der Ziffernseite der Münze. Solcher Münzwurfserien wurden im ganzen 500 angestellt. Eine Wahrscheinlichkeitsnachwirkung ist hier infolge der Unabhängigkeit der aufeinanderfolgenden Würfe durch entsprechendes Umschütteln vor jedem Wurfe ausgeschlossen. Die folgende Tabelle I enthält die Zahlen der günstigen Ereignisse in den 500 Serien in der Reihenfolge, wie sie tatsächlich erhalten wurden.

Für diese Statistik haben die in die Formeln eingehenden Größen offenbar folgende Werte: $N = 10$, $p = \frac{1}{2}$, da die Münze mit gleicher Wahrscheinlichkeit auf die eine oder andere Seite fällt, daher $v = \lambda = 5$. Der aus Tabelle I folgende Mittelwert ergibt sich in guter Übereinstimmung hierzu mit $v = 5{,}12$.

Tabelle I.

3655547647657449375656645496483177885542342 55643
7591646488546567546567653867678444744375545758 59
3563915553685242543672745765545687766655476653 25
5676767566556455456655482417442765735886546624 75
4566637663534548434573556666344868542565345545 3
5664567456787275568547446433676424665547555344 4
61645346548453684765476766263857844565355663 10 7
6745735585552765555562852226556565465456669766 75
7424636533643454743466465544646462355275591753 7
3545567543684358645488937543753276323656634655 46
75353547553566555436654.

Formel (1) nimmt die Gestalt an

$$W(n) = \binom{10}{n} \frac{1}{1024}.$$

Die aus dieser Formel folgenden Werte sind in Tabelle II eingetragen, sowie die hieraus durch Multiplikation mit 500 hervorgehenden berechneten Häufigkeiten der $n:k$ (ber.), die mit den
aus Tabelle I folgenden k (beob.) befriedigend übereinstimmen.

Aus den beobachteten Werten der Tabelle II lassen sich leicht
die Größen $|\bar{\delta}|$ und $\overline{\delta^2}$ entnehmen und ergeben sich zu

$$|\bar{\delta}| \text{ (beob.)} = 0{,}250, \qquad \overline{\delta^2} \text{ (beob.)} = 0{,}107,$$

während sich aus den Formeln (2) und (3) auf Grund der bekannten Daten die mit diesen nahezu gleichen Werte

$$|\bar{\delta}| \text{ (ber.)} = 0{,}246, \qquad \overline{\delta^2} \text{ (ber.)} = 0{,}100$$

ergeben.

Tabelle II.

n	$W(n)$ (berechnet)	k (beobachtet)	k (berechnet)
0	0,001	0	0 bis 1
1	0,010	6	5
2	0,044	23	22
3	0,117	50	58
4	0,205	90	103
5	0,246	130	123
6	0,205	106	103
7	0,117	58	58
8	0,044	28	22
9	0,010	8	5
10	0,001	1	0 bis 1

— 15 —

Zur Kontrolle der Formeln über die Schwankungsgeschwindigkeit wurden die Häufigkeit aller Zahlenfolgen n_1 n_2 aus Tabelle I entnommen und in folgender Tabelle III niedergelegt, in der die Köpfe
der Horizontalkolonnen die n_1 und die der Vertikalkolonnen die n_2
bezeichnen. Die oberen Zahlen bedeuten die so gefundenen Häufigkeiten, die unteren zur Orientierung die ebenfalls aus (1) berechen-
baren theoretischen.

Tabelle III.

	0	1	2	3	4	5	6	7	8	9	10
1	— —	— —	— —	0 1	0 1	1 2	2 1	3 1	— —	— —	— —
2	— —	— —	2 1	3 3	5 5	4 6	2 5	6 3	1 1	— —	— —
3	0 0	1 1	3 2	2 6	10 10	13 12	10 10	7 6	2 2	1 1	1 0
4	— —	1 1	7 4	11 11	12 18	21 22	17 18	11 11	7 4	2 1	— —
5	— —	0 1	3 6	17 15	31 27	36 32	27 27	9 15	4 6	3 1	— —
6	— —	1 1	4 4	9 11	16 18	29 22	24 18	16 11	6 4	1 1	— —
7	— —	0 1	2 2	4 6	9 10	18 12	19 10	2 6	4 2	0 1	— —
8	— —	0 0	1 1	1 3	6 5	9 6	4 5	2 3	4 1	1 0	— —
9	— —	3 0	0 0	3 1	0 1	0 2	1 1	1 1	— —	— —	— —
10	— —	— —	— —	— —	— —	— —	— —	1 —	— —	— —	— —

Tabelle IV.

n	$\overline{\varDelta}$ (beob.)	$\overline{\varDelta}$ (ber.)	n	$\overline{\varDelta}$ (beob.)	$\overline{\varDelta}$ (ber.)
0	—	—	6	$+0{,}74$	$+1$
1	$-5{,}33$	-4	7	$+1{,}79$	$+2$
2	$-3{,}00$	-3	8	$+2{,}53$	$+3$
3	$-2{,}24$	-2	9	$+5{,}87$	$+4$
4	$-1{,}09$	-1	10	$+3{,}00$	$+5$
5	$+0{,}04$	0			

Aus dieser Tabelle lassen sich leicht die beobachteten $\Delta(n)$ entnehmen ·und mit den aus (4) folgenden vergleichen. Diese Vergleichung ist in Tabelle IV durchgeführt und in Fig. 1 graphisch dargestellt, aus der man am besten entnehmen kann, daß die theoretische Gerade die Beobachtungen richtig ausgleicht.

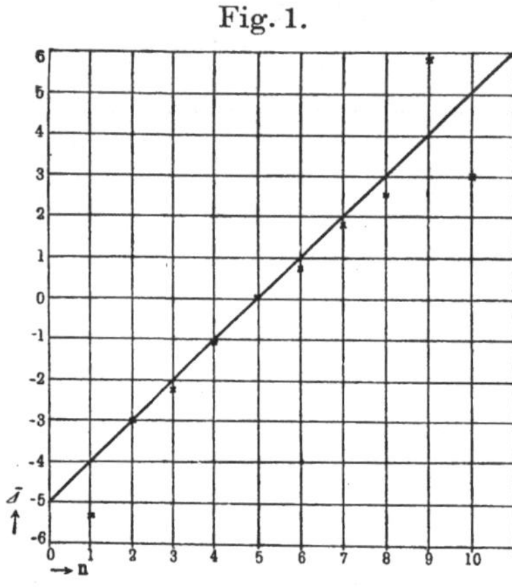

Fig. 1.

Ebenso läßt sich aus Tabelle III die Größe $\overline{\Delta^2}$ entnehmen, die sich zu

$$\overline{\Delta^2}\ (\text{beob.}) = 5{,}42$$

ergibt, während Formel (5) in unserem Falle

$$\overline{\Delta^2}\ (\text{ber.}) = 5$$

erwarten läßt.

Schließlich habe ich auch noch Wiederkehrzeit und Dauer der „n-Zustände" aus der Statistik entnommen, wobei das Zeitintervall τ der Einfachheit halber gleich 1 angenommen wurde. In Tabelle V sind beobachtete und nach Formel (6) bzw. (7) berechnete Dauer und Wiederkehrzeiten zusammengestellt und erweisen sich in recht guter Übereinstimmung.

Tabelle V.

n	T (beob.)	T (ber.)	Θ (beob.)	Θ (ber.)
0	—	1,00	—	1022
1	1,00	1,01	77,6	102,2
2	1,09	1,04	20,2	22,7
3	1,04	1,13	9,48	8,54
4	1,15	1,26	5,25	4,87
5	1,36	1,32	3,90	4,06
6	1,29	1,26	4,83	4,87
7	1,03	1,13	7,66	8,54
8	1,16	1,04	17,18	22,7
9	1,00	1,01	61,4	102,2
10	1,00	1,00	—	1022

Wir kehren nun zu unseren allgemeinen Betrachtungen zurück und wollen zwei Grenzfälle untersuchen, in denen unsere Formeln eine in den Anwendungen besonders wichtige Gestalt annehmen.

Grenzfall 1.

Die Zahl N der Ereignisse einer Serie sei so groß, die Wahrscheinlichkeit p des Einzelereignisses dagegen so klein, daß gleichzeitig $p \ll 1, N \gg 1$, $pN = \nu$ endlich und von Null verschieden, $q \sim 1$. Unter dieser Annahme ergibt sich bei entsprechender Vernachlässigung [19])

$$W(n) = \frac{N^n}{n!}\, p^n\, (1-p)^N = \frac{N^n}{n!}\, \frac{\nu^n}{N^n}\, e^{-pN}$$

oder

$$W(n) = \frac{e^{-\nu}\, \nu^n}{n!} \quad \text{(Poissonsche Formel)} \tag{8}$$

Unter Benutzung von (8) erhält man ferner für die Schwankungsgröße die Formeln

$$|\bar{\delta}| = 2\, W(\lambda) = \frac{2\, e^{-\nu}\, \nu^\lambda}{\lambda!} \tag{9}$$

$$\overline{\delta^2} = \frac{1}{\nu}. \tag{10}$$

Die Schwankungsgeschwindigkeit wird

$$\overline{\varDelta}(n) = n - \nu \tag{11}$$

$$\overline{\varDelta^2} = 2\,\nu. \tag{12}$$

T und Θ resultieren durch Einsetzen von (8) in (6) und (7).

Wie man sieht, werden in diesem Grenzfalle alle Größen berechenbar, sofern ν allein bekannt ist.

Auch für diesen Fall kann man zur Illustration leicht ein statistisches Beispiel angeben, das folgendermaßen gewonnen wurde [16]). In äquidistanten Zeitintervallen (5 sec) wurde die Anzahl der Fußgänger beobachtet, die sich auf dem Gehsteig einer Straße in der Länge einer bestimmten Hausfront aufhielten. Es wurde so eine Statistik von 505 Beobachtungen angestellt. Offenbar ist in diesem Falle, wo der Eintritt eines beliebigen in der Stadt sich aufhaltenden Menschen in das betrachtete Straßenintervall ein günstiges Ereignis darstellt, die Forderung eines kleinen p und großen N bei endlichem Mittelwert erfüllt, jedoch ist zu berücksichtigen, daß infolge des kleinen Zeitraumes zwischen zwei Beobachtungen die Ereignisse in aufeinander folgenden Serien von einander nicht unabhängig sind: wir haben eine Wahrscheinlichkeitsnachwirkung. Um die Statistik daher auf unseren Fall an-

— 18 —

wenden zu können, müssen wir diese Einwirkung vernichten, was
am besten durch „Umrühren“ der Statistik erfolgt. Zu diesem
Zwecke wurden die erhaltenen Zahlen auf kleine Zettel geschrieben
und in einer „Urne“ ausgiebig durcheinander geschüttelt, worauf
sie einzeln wieder herausgezogen wurden. Die so umgeordnete
Reihe kann nun zu unseren Zwecken dienen und ist in der
folgenden Tabelle VI wiedergegeben.

Tabelle VI.

21102320111215204214303132221311201123140210 2200
21012200531102322011001312102214120230102451 1221
22212001114021212101314032002312210111211131 3234
03243121001212202313214200322314321102213201 1231
22232101121010031221212512411412224032223011 1110
11011223001112315211312331200301110114221132 2123
02331201125152103222121033232122421001230114 1020
00103123311120023010314722212221421531030030 11211
14210101131433331111411410211211120333001032 1300
21622221402130411031122102300003202432221021 2110
001200023311220210111331.

Aus ihr folgt für den Mittelwert $\nu = 1{,}592$, mit dessen Hilfe
wir nun unsere Formeln (8) bis (12) verifizieren können. Die nun
folgenden Tabellen sind den oben gebrachten völlig analog gebaut
und bedürfen daher keiner weiteren Erläuterung.

Tabelle VII.

n	k (beob.)	k (ber.)	n	k (beob.)	k (ber.)
0	98	103	4	26	28
1	165	164	5	8	9
2	136	130	6	1	2
3	70	69	7	1	0

Schwankungsgröße:

$$|\overline{\delta}| \text{ (beob.)} = 0{,}631, \qquad \overline{\delta^2} \text{ (beob.)} = 1{,}505.$$
$$|\overline{\delta}| \text{ (ber.)} \;= 0{,}648, \qquad \overline{\delta^2} \text{ (ber.)} \;= 1{,}592.$$

Die aus den Tabellen hervorgehende gute Übereinstimmung
zwischen Beobachtung und Rechnung bietet eine Gewähr für die Anwendbarkeit unserer Formeln auf Grenzfall der beschriebenen Art.

Tabelle VIII.

	0	1	2	3	4	5	6	7
0	24	33	20	15	6	0	0	0
	20	34	28	14	5	2	0	0
1	29	53	48	25	7	3	0	0
	32	53	45	23	8	3	1	1
2	25	44	38	18	6	3	1	1
	25	43	35	18	7	2	0	0
3	17	13	22	11	5	2	—	—
	13	23	19	10	4	1	—	—
4	2	17	6	1	0	—	—	—
	5	9	7	4	1	—	—	—
5	1	4	2	0	1	—	—	—
	2	3	2	1	1	—	—	—
6	0	1	—	—	1	—	—	—
	1	0	—	—	0	—	—	—
7	—	—	—	—	1	—	—	—
	—	—	—	—	0	—	—	—

Tabelle IX.

n	$\overline{\Delta}(n)$ (beob.)	$\overline{\Delta}(n)$ (ber.)	n	$\overline{\Delta}(n)$ (beob.)	$\overline{\Delta}(n)$ (ber.)
0	$-1{,}449$	$-1{,}592$	4	$+2{,}231$	$+2{,}408$
1	$-0{,}661$	$-0{,}592$	5	$+3{,}125$	$+3{,}408$
2	$+0{,}353$	$+0{,}408$	6	$+4{,}000$	$+4{,}408$
3	$+1{,}600$	$+1{,}408$	7	$+5{,}000$	$+5{,}408$

Schwankungsgeschwindigkeit:
$$\overline{\Delta^2}\ (\text{beob.}) = 3{,}038, \qquad \overline{\Delta^2}\ (\text{ber.}) = 3{,}184.$$

Tabelle X.

n	T (beob.)	T (ber.)	Θ (beob.)	Θ (ber.)
0	1,36	1,26	5,59	4,90
1	1,44	1,48	2,97	3,07
2	1,38	1,34	3,67	3,87
3	1,18	1,16	7,25	7,32
4	1,00	1,06	16,40	18,0
5	1,00	1,02	43,9	56,1
6	1,00	1,00	—	—
7	1,00	1,00	—	—

Grenzfall 2.

Sowohl N als auch v und n seien so groß, daß man δ als kontinuierliche Veränderliche ansehen kann, ohne daß $p \ll 1$ ist, Da in diesem Falle größere Abweichungen der n vom Mittelwert v sehr unwahrscheinlich werden, ist die Annahme zu machen $\delta \ll 1$, so daß höhere als die zweiten Potenzen in δ gegen 1 vernachlässigt werden können, gleichzeitig aber $n - v = v\delta \gg 1$. $W(n)$ erhält dann die Gestalt des Gaußschen Fehlergesetzes, und zwar [13]

$$W(n) = \frac{1}{\sqrt{2\pi p q N}}\, e^{-\frac{v^2}{2pqN}\delta^2} \tag{13}$$

Beweis: Wir setzen $qN = \mu$, daher $qv = p\mu$, $N - v = \mu$.

$$W(n) = W(v)\frac{(N-v)\ldots(N-n+1)}{(v+1)\ldots n}\, p^{n-v}\, q^{m-\mu}$$

$$= W(v)\frac{\mu(\mu-1)\ldots(\mu-v\delta+1)}{(v+1)\ldots(v+v\delta)}\left(\frac{p}{q}\right)^{v\delta}$$

$$= W(v)\frac{\left(1-\frac{1}{\mu}\right)\left(1-\frac{2}{\mu}\right)\ldots\left(1-\frac{(v\delta-1)}{\mu}\right)}{\left(1+\frac{1}{v}\right)\left(1+\frac{2}{v}\right)\ldots\left(1+\frac{v\delta-1}{v}\right)(1+\delta)}$$

$$log\, W(n) = log\, W(v) - \sum_{k=1}^{k=v\delta-1} k\left(\frac{1}{v}+\frac{1}{\mu}\right) - \delta$$

$$= log\, W(v) - \frac{1}{2}\left(\frac{1}{v}+\frac{1}{\mu}\right)v\delta(v\delta-1) - \delta$$

$$W(n) = W(v)\cdot e^{-\frac{v^2\delta^2}{2}\left(\frac{1}{v}+\frac{1}{\mu}\right)+\frac{v\delta}{2}\left(\frac{1}{\mu}-\frac{1}{v}\right)}$$

Durch Anwendung der Stirlingschen Formel ergibt sich

$$W(v) = \frac{N^N e^{-N}\sqrt{2\pi N}}{v^v e^{-v}\sqrt{2\pi v}\cdot \mu^\mu e^{-\mu}\sqrt{2\pi\mu}}\left(\frac{v}{N}\right)^v\cdot\left(\frac{\mu}{N}\right)^\mu = \frac{1}{\sqrt{2\pi p q N}}\cdot$$

Vernachlässigt man schließlich $v\delta$ gegen $(v\delta)^2$, so ergibt sich

$$W(n) = \frac{1}{\sqrt{2\pi p q N}}\cdot e^{-\frac{v^2}{2pqN}\delta^2}.$$

Da wir δ als kontinuierliche Veränderliche auffassen, so haben wir nun die Wahrscheinlichkeit $W(\delta)$ so zu definiern, daß $W(\delta)\,d\delta$

die Wahrscheinlichkeit bedeuten möge, daß δ zwischen δ und $\delta + d\delta$ liegt. Es wird daher

$$W(\delta)\,d\delta = v\,.\,W(n)\,d\delta$$

oder
$$W(\delta)\,d\delta = \sqrt{\frac{v}{2\,\pi\,q}}\cdot e^{-\frac{v}{2\,q}\,\delta^2}\,d\delta. \tag{14}$$

Zufolge unseren Bedingungen ist (14) nur streng gültig in der unmittelbaren Umgebung von $\delta = 0$. Da jedoch für alle größeren δ die Wahrscheinlichkeit äußerst gering ist, so kann man unsere Formel mit genügender Genauigkeit für alle Werte von δ als gültig annehmen und bei Mittelwertsbildungen die Integrale über alle Werte von δ von $-\infty$ bis $+\infty$ erstrecken, obschon laut Definition eigentlich δ nicht kleiner werden kann als -1.

In der Tat sind diese Integrationsgrenzen sogar unseren Vernachlässigungen adäquat, denn sie genügen der notwendigen Bedingung

$$\int\limits_{-\infty}^{+\infty} W(\delta)\,d\delta = 1.$$

Man erhält für die Schwankungsgröße unmittelbar

$$|\bar{\delta}| = 2\int\limits_{0}^{\infty}\delta\,.\,W(\delta)\,d\delta = \sqrt{\frac{2\,q}{v\,\pi}} \tag{15}$$

$$\overline{\delta^2} = \int\limits_{-\infty}^{+\infty}\delta^2\,.\,W(\delta)\,d\delta = \frac{q}{v}, \tag{16}$$

welche Formeln man auch direkt aus (2) und (3) vermittelst der Stirlingschen Formel erhalten kann. In diesem Falle haben die Größen $|\bar{\delta}|$ und $\sqrt{\overline{\delta^2}}$ ein konstantes Verhältnis, nämlich

$$\frac{|\bar{\delta}|}{\sqrt{\overline{\delta^2}}} = \sqrt{\frac{2}{\pi}} = 0{,}7979\ldots$$

Durch Einsetzen aus (16) kann man (14) auf eine Form bringen, in der $\overline{\delta^2}$ als einzige Konstante vorkommt

$$W(\delta)\,d\delta = \frac{1}{\sqrt{2\,\pi\,\overline{\delta^2}}}\cdot e^{-\frac{\delta^2}{2\,\overline{\delta^2}}}\,d\delta, \tag{17}$$

in welcher Gestalt es also unmittelbar als Spezialfall des allgemeinen Gaußschen Fehlergesetzes erscheint.

Die Größe $\overline{\delta^2}$ pflegt man nach Lexis in der Fehlerrechnung die „Dispersion" der Größe n, um deren Messung es sich handelt, zu nennen, indem sich die gemessenen Werte mit um so geringerer Streuung um ihren Mittelwert gruppieren werden, je kleiner diese Dispersion ist. Sind nun die n Zahlen einer rein statistischen Serie, wie es in unserem Falle sich verhält, dann ist nach (16) die Dispersion bei gegebenem q allein durch den Mittelwert v bestimmt, wir bezeichnen eine solche Dispersion als „normal". Bei einer dem allgemeinen Gaußschen Fehlergesetz gehorchenden Beobachtungsreihe hingegen hängt die Dispersion noch wesentlich von der Beobachtungsgenauigkeit (bzw. mitunter nur von dieser) ab, kann also je nach Umständen größer, kleiner oder gleich der normalen sein, wir sprechen von „übernormaler" und „unternormaler" Dispersion. Das Charakteristikum also für eine rein statistische Verteilung in dem von uns gebrauchten Sinne ist ihre normale Dispersion. Wir werden jedoch unter 4 sehen, daß auch bei diesen in verwickelteren Fällen scheinbar andere Dispersionen beobachtet werden können.

Grenzfall 3.

Die Bedingungen des Grenzfalles 2 bleiben aufrecht, wozu aber noch die des Grenzfalles $1: p \ll 1$ oder $v \ll N$ hinzukommt. Dann ist wieder $q \sim 1$ und man erhält die Formeln [1] [8]

$$W(\delta)d\delta = \sqrt{\frac{v}{2\pi}} \cdot e^{-\frac{v}{2}\delta^2}\, d\delta, \qquad (18)$$

während sich die Schwankungsgröße auf

$$|\bar{\delta}| = \sqrt{\frac{2}{v\pi}} \quad \text{bzw.} \quad \overline{\delta^2} = \frac{1}{v}$$

reduziert.

Da dieser Fall in seinen Anwendungen weitaus der häufigste ist, werden wir seine Dispersion, die also gleich ist dem reziproken Mittelwert der schwankenden Größe, in Zukunft als normale bezeichnen.

Die Formeln für die Schwankungsgeschwindigkeit werden wegen der verschwindend kleinen Wahrscheinlichkeit der Beobachtung eines bestimmten n hier und im vorhergehenden Falle bedeutungslos.

4. Schwankungen bei indirekter Beobachtung.

Wir wollen nun annehmen, daß wir nicht direkt die Zahl n der günstigen Ereignisse einer Serie beobachten können oder wollen, sondern einen sekundären Effekt Q, der der Zahl n proportional sei, jedoch nur insoweit, als der Effekt jedes Einzelereignisses k selbst keine konstante, sondern eine um einen Mittelwert $\varkappa$ schwankende Größe sei.

Wir führen die Bezeichnungen ein:

$$\delta_Q = \frac{Q - \overline{Q}}{\overline{Q}}, \qquad \delta_k = \frac{k - \varkappa}{\varkappa}, \qquad \delta_n = \frac{n - \nu}{\nu}.$$

Wir wollen $\overline{\delta_Q^2}$ berechnen. Sind die im Gesamteffekt Q vereinigten Einzeleffekte $k_1, k_2, \ldots k_n$, so wird

$$\overline{\delta_Q^2} = \overline{\left(\frac{Q - \overline{Q}}{\overline{Q}}\right)^2} = \overline{\left\{\frac{(k_1 + k_2 + \cdots + k_n) - \varkappa\nu}{\varkappa\nu}\right\}^2}$$

$$= \overline{\left\{\frac{k_1 - \varkappa}{\varkappa\nu} + \frac{k_2 - \varkappa}{\varkappa\nu} + \cdots + \frac{k_n - \varkappa}{\varkappa\nu} - \frac{\nu - n}{\nu}\right\}^2},$$

was wegen der Unabhängigkeit der Einzeleffekte voneinander, infolge deren alle doppelten Produkte wegfallen, sich reduziert auf

$$\overline{\delta_Q^2} = \frac{1}{\nu}\,\overline{\delta_k^2} + \overline{\delta_n^2}. \tag{19}$$

Man sieht aus dieser Formel, wie sich die Schwankungen des „Integraleffektes" Q aus den Schwankungen von k und von n zusammensetzen, über deren Dispersion in der Formel zunächst keine Beschränkung vorliegt. Für die Praxis der Anwendung wird es sich empfehlen, folgende Spezialfälle einzeln zu betrachten:

a) Der Primäreffekt hat die Dispersion Null: $\overline{\delta_n^2} = 0$. Dann wird

$$\overline{\delta_Q^2} = \frac{1}{\nu}\overline{\delta_k^2} = \frac{1}{\overline{Q}}(\overline{\delta_k^2} \cdot \varkappa). \tag{20}$$

Das heißt: Hat k normale Dispersion, dann hat auch Q eine solche, unternormale Dispersion von k zieht unternormale von Q nach sich, das analoge gilt für übernormale.

b) Der Sekundäreffekt k ist konstant gleich $\varkappa$: $\overline{\delta_k^2} = 0$. Dann wird

$$\overline{\delta_Q^2} = \overline{\delta_n^2} = \frac{\varkappa}{\overline{Q}}(\overline{\delta_n^2} \cdot \nu). \tag{21}$$

Das heißt: Bei normaler Dispersion der n hat Q normale, übernormale bzw. unternormale Dispersion, je nachdem $\varkappa$ gleich, größer oder kleiner als 1 ist. Bei normaler Dispersion der n modifiziert sich dieses Verhalten in leicht zu übersehender Weise.

c) Sowohl k als n sei Schwankungen unterworfen, jedoch seien die von n normal gestreut: $\overline{\delta_n^2} = \dfrac{1}{\nu}$. Dann wird [2] [4] [18]

$$\overline{\delta_Q^2} = \frac{1}{\nu}\,(\overline{\delta_k^2} + 1) = \frac{1}{\nu}\left(\frac{\overline{k^2} - \varkappa^2}{\varkappa^2} + 1\right) = \frac{1}{\overline{Q^2}} \cdot \nu\,\overline{k^2} \qquad (22)$$

oder das absolute Schwankungsquadrat von Q

$$\overline{Q^2} \cdot \overline{\delta_Q^2} = \nu\,\overline{k^2}, \qquad (23)$$

also gleich jenem Werte, den man bei Beobachtung des Primäreffektes hätte, multipliziert mit dem mittleren Quadrate des Sekundäreffektes.

Wir können auch noch prinzipiell auf eine andere Weise an einer Statistik indirekte Beobachtungen anstellen, wenn wir nicht jedes Einzelereignis einer Serie zählen, sondern bloß einen bestimmten Bruchteil r, der aber selbst wieder nicht konstant zu sein braucht, sondern um einen Mittelwert ϱ Schwankungen ausführen kann, derart, daß z. B. bloß eine bestimmte Wahrscheinlichkeit existiert, daß ein günstig ausgefallenes Einzelereignis auch wirklich zur Beobachtung gelangt.

$$Q = r\,n, \qquad \delta_r = \frac{r - \varrho}{\varrho}.$$

Wir drücken zunächst Q durch δ_r und δ_n aus

$$Q = \varrho\,\nu\,(\delta_n + 1)(\delta_r + 1),$$

woraus sich für $\overline{\delta_Q^2}$, da wieder alle doppelten Produkte bei der Mittelbildung wegfallen, ergibt

$$\overline{\delta_Q^2} = \overline{\delta_r^2} + \overline{\delta_n^2} + \overline{\delta_r^2} \cdot \overline{\delta_n^2}. \qquad (24)$$

Diese Formel wollen wir nun wieder spezialisieren:

a') $\overline{\delta_n^2} = 0$. Das ergibt

$$\overline{\delta_Q^2} = \overline{\delta_r^2} = \frac{1}{Q}\,(\overline{\delta_r^2} \cdot \varrho\,\nu). \qquad (25)$$

Wenn wir nun berücksichtigen, daß bei normaler Dispersion der r $\overline{\delta_r^2} = \dfrac{1}{\varrho\,\nu}$ ist, so sieht man, daß der Fall dem oben besprochenen a) inhaltsgleich ist.

b') r ist konstant gleich ϱ, $\overline{\delta_r^2} = 0$. Das ergibt

$$\overline{\delta_Q^2} = \overline{\delta_n^2} = \frac{\varrho}{Q}\,(\overline{\delta_n^2}\cdot\nu) \tag{26}$$

oder, da ϱ immer kleiner als 1 ist, bei normaler Dispersion der n hat Q unternormale Dispersion. Im übrigen ist dieser Fall analog dem obigen b).

c') Sowohl r als auch n seien Schwankungen normaler Dispersion unterworfen. Nach unserer Definition der normalen Dispersion ist zu ihrem Zutreffen auf die r-Schwankungen erforderlich, daß $\varrho \ll 1$, $\nu \gg 1$, $\varrho\nu$ endlich und von Null verschieden; $\overline{\delta_r^2} = \dfrac{1}{\nu}$. In $\overline{\delta_Q^2}$ kann daher das zweite und dritte Glied gegen das erste vernachlässigt werden und man erhält

$$\overline{\delta_Q^2} = \frac{1}{\varrho\,\nu} = \frac{1}{\overline{Q}} \tag{27}$$

also normale Dispersion der Q, und nicht, wie man vielleicht auf den ersten Blick erwartet hätte, eine Schwankung, die sich aus denen von k und n zusammensetzt. Das gleiche Resultat würden wir auch erhalten, wenn wir auf diese Weise nicht nur zwei, sondern eine beliebige Anzahl von Schwankungsreihen ineinanderschachteln würden [6] [7] [7a].

B. Schwankungen mit Wahrscheinlichkeitsnachwirkung.

In diesem Abschnitt wollen wir die allgemeine Frage behandeln, wie sich die in A abgeleiteten Gesetzmäßigkeiten modifizieren, wenn eine Wahrscheinlichkeitsnachwirkung im früher definierten Sinne stattfindet. Wir nehmen an, diese Wirkung beruhe darin, daß der günstige Ausfall eines Einzelereignisses einer Serie ebenfalls begünstigend auf den Ausfall des gleichen Ereignisses der nächsten Serie einwirken möge. Dabei sollen die Voraussetzungen des Grenzfalles 1, die für die Anwendungspraxis am wichtigsten sind, zutreffen. Es ist von vornherein klar, daß unsere Formeln für Schwankungswahrscheinlichkeit und Schwankungsgröße auch in diesem allgemeinen Falle ihre Gültigkeit behalten, da die Häufigkeit des Auftretens der einzelnen n-Werte bei sehr vielen Serien durch unsere jetzige Annahme nicht geändert werden kann. Dagegen ändern sich die Formeln für die Schwankungsgeschwindigkeit, die nun kurz abgeleitet werden sollen [9] [10].

1. Intermittierende Beobachtung.

Wir führen folgende Bezeichnungen ein: P sei die konstante Wahrscheinlichkeit, daß auf ein in einer Serie günstiges Einzelereignis in der nächsten Serie ein ungünstiges folge und es sei $Q = 1 - P$; P' umgekehrt die Wahrscheinlichkeit, daß ein in einer Serie ungünstiges Einzelereignis in der nächsten günstig werde. $W(n_1, n_2)$ sei die Wahrscheinlichkeit, daß auf eine Zahl n_1 günstiger Ereignisse der einen Serie eine analoge Zahl n_2 in der nächsten Serie folge. $A_n(i)$ sei die Wahrscheinlichkeit, daß von n günstigen Ereignissen einer Serie bei der nächsten Serie i ungünstig werden; analog $E_n(i)$ die Wahrscheinlichkeit, daß zu n günstigen Ereignissen einer Serie in der nächsten i günstige hinzukommen, während das Schicksal der n vorigen Einzelfälle unbestimmt bleibt.

Offenbar ist nun

$$W(n, n + k) = \sum_{i=0}^{n} A_n(i)\, E_n(i + k);$$

$$W(n, n - k) = \sum_{i=k}^{n} A_n(i)\, E_n(i - k).$$

Ferner ist

$$A_n(i) = \binom{n}{i} P^i\, Q^{n-i}.$$

Man sieht leicht, daß zwischen p, P und P' die Beziehung bestehen muß

$$p N = v\,(1 - P) + (N - v)\, P',$$

oder, da $v \ll N$,

$$v P = P' N = v'.$$

Definitionsgemäß ergibt sich daher für $E_n(i)$

$$E_n(i) = \frac{e^{-v'}\, v'^i}{i!} = \frac{e^{-v P}\, (v P)^i}{i!}.$$

Setzen wir diese Werte schließlich in unseren Formeln $W(n, n + k)$, $W(n, n - k)$ ein, so ergibt sich

$$\left.\begin{aligned}
W(n, n + k) &= e^{-v P} \sum_{i=0}^{n} \binom{n}{i} P^i\, Q^{n-i} \frac{(v P)^{i+k}}{(i+k)!} \\
W(n, n - k) &= e^{-v P} \sum_{i=k}^{n} \binom{n}{i} P^i\, Q^{n-i} \frac{(v P)^{i-k}}{(i-k)!}
\end{aligned}\right\} \quad (28)$$

Ist keine Nachwirkung vorhanden, dann wird $P = 1$, $Q = 0$ und es fallen alle Glieder der obigen Summe weg bis auf das Glied $i = k$, wodurch sich die Formeln (28) reduzieren auf

$$W(n, n + k) = \frac{e^{-\nu}\nu^{n+k}}{(n+k)!}, \quad W(n, n - k) = \frac{e^{-\nu}\nu^{n-k}}{(n-k)!}, \quad (29)$$

was, da keine Nachwirkung vorhanden ist, von vornherein zu erwarten war.

Vermöge Formel (28) können wir leicht die Schwankungsgeschwindigkeit berechnen. In der Tat ist

$$\overline{\Delta}_n = \sum_{k=0}^{\infty} k\, W(n, n + k) - \sum_{k=0}^{n} y\, W(n, n - k),$$

was nach Ausführung der komplizierten Summation

$$\overline{\Delta}_n = P(n - v) \qquad\qquad (30)$$

ergibt. Analog erhält man

$$\overline{\Delta_n^2} = \sum_{k=1}^{\infty} k^2\, W(n, n + k) + \sum_{k=1}^{n} k^2\, W(n, n - k)$$
$$= P^2[(n - v)^2 - n] + (n + v)\, P$$

und durch neuerliche Mittelbildung über n

$$\overline{\Delta^2} = 2v\,P. \qquad\qquad (31)$$

Im Falle $P = 1$, also ohne Nachwirkung, gehen die Formeln (30), (31) in die bereits für diesen Fall früher abgeleiteten (11), (12) über.

Ist die Nachwirkung sehr groß, was man z. B. erreichen kann, wenn man die Zeit zwischen zwei aufeinanderfolgenden Beobachtungen τ sehr klein macht, dann wird $P \ll 1$, und (28) geht für $k \gtrless 0$ über in

$$W(n, n + k) = e^{-\nu P}\frac{(\nu P)^k}{k!}, \quad W(n, n - k) = e^{-\nu P}\binom{n}{k}P^k \quad (32)$$

und ihr Verhältnis im Grenzfall $P = 0$, da nur die Änderung $k = 1$ in Betracht kommt,

$$\lim_{P=0} \frac{W(n, n + k)}{W(n, n - k)} = \frac{v}{n}, \qquad\qquad (33)$$

worin sich, wie in Formel (30), die Asymmetrie der Schwankung selbst am Anfang der Beobachtung zeigt.

Trotz dieser Asymmetrie, die aussagt, daß auf einen vom Mittelwert weit entfernten n-Wert mit großer Wahrscheinlichkeit ein dem Mittelwert näherer folgt (Irreversibilität), geht aus unseren Formeln die prinzipielle Umkehrbarkeit der Zeitfolge (Reversibilität) hervor, indem die Wahrscheinlichkeit $H(n, m)$, in der $i$ten Serie die Zahl n und in der $i + 1$ten Serie die Zahl m anzutreffen, ebenso groß ist wie die bei umgekehrter Zeitfolge resultierende analoge Wahrscheinlichkeit $H(m, n)$. Es ist nämlich

$$H(n, m) = W(n) \cdot W(n, m) = W(n) \cdot W(n, n + k)$$
$$H(m, n) = W(m) \cdot W(m, n) = W(n + k) \cdot W(n + k, n),$$

und nach Formel (28) und (8)

$$W(n) \cdot W(n, n + k) = W(n + k) \cdot W(n + k, n).$$

Wenden wir uns nun der Berechnung der Größen T und Θ zu. Wir bezeichnen einen „Nicht-n-Zustand" mit dem Symbol Nn, es bedeutet dann z. B. $W(n, Nn)$ die Wahrscheinlichkeit, daß auf einen n-Zustand ein beliebiger Nicht-n-Zustand folgt. Analoge Bedeutung haben die Symbole $W(Nn, n)$, $W(Nn, Nn)$. Sei schließlich $\varphi_n(k\tau)$ die Wahrscheinlichkeit, daß ein jetzt vorhandener n-Zustand durch k Intervalle der Länge τ andauert und $\psi_n(k\tau)$ die Wahrscheinlichkeit, daß auf einen beliebigen, jetzt vorhandenen Nicht-n-Zustand erst nach k Intervallen ein n-Zustand folgt. Da wir angenommen haben, daß die Nachwirkung sich immer nur auf die nächstfolgende Serie erstrecken soll, erhalten wir die Beziehungen [19]

$$\left.\begin{aligned}
\varphi_n(k\tau) &= W^{k-1}(n, n)\,[1 - W(n, n)], \\
\psi_n(k\tau) &= W^{k-1}(Nn, Nn) \cdot W(Nn, n) \\
&= \{1 - W(Nn, n)\}^{k-1}\, W(Nn, n)
\end{aligned}\right\} \qquad (34)$$

Da es nun ebenso oft vorkommen muß, daß ein Nicht-n-Zustand in einen n-Zustand übergeht als umgekehrt, so ergibt sich

$$W(Nn, n)\,[1 - W(n)] = W(n, Nn) \cdot W(n) = [1 - W(n, n)]\,W(n),$$

daher

$$W(Nn, n) = \frac{W(n)}{1 - W(n)}\,[1 - W(n, n)],$$

unter Benutzung dieses Wertes folgt weiter

$$\left.\begin{aligned}
\psi_n(k\tau) = \Big\{1 &- \frac{W(n)}{1 - W(n)}\,[1 - W(n, n)]\Big\}^{k-1} \\
&\cdot \frac{W(n)}{1 - W(n)}\,[1 - W(n, n)]
\end{aligned}\right\} \qquad (35)$$

Die Werte von $W(n)$, $W(n,n)$ sind dabei aus Formel (8) bzw. (28)
zu entnehmen. Definitionsgemäß folgen aus (34) und (35) für
die durchschnittliche Dauer und Wiederkehrzeit

$$
\left.\begin{aligned}
T(n) &= \tau \sum_{k=0}^{\infty} k\,\varphi_n(k\tau) = \tau[1-W(n,n)] \sum_{k=0}^{\infty} k\,W^{k-1}(n,n) \\
&= \frac{\tau}{1-W(n,n)}
\end{aligned}\right\} \quad (36)
$$

$$
\left.\begin{aligned}
\Theta(n) &= \tau \sum_{k=0}^{\infty} k\,\psi_n(k\tau) = \frac{\tau}{W(Nn,n)} = \frac{\tau}{1-W(n,n)} \\
&\qquad \cdot \frac{1-W(n)}{W(n)} = T(n) \cdot \frac{1-W(n)}{W(n)}
\end{aligned}\right\} \quad (37)
$$

Ist eine Nachwirkung nicht vorhanden, so wird nach (28)

$$W(n, n) = W(n),$$
$$W(Nn, n) = W(n)$$

und unsere Formeln gehen über in

$$\varphi_n(k\tau) = W(n)^{k-1}[1-W(n)] \qquad (38)$$
$$\psi_n(k\tau) = [1-W(n)]^{k-1} \cdot W(n) \qquad (39)$$

(36) und (37) gehen über in (6) und (7).

Tabelle XI.

000111212211110000132111122100000000000132210000
001223243311112211100221243220011123220002234311
111123321111112221222221100123344211112333212331
002444111343324752121222233421111221123111124211
223112211332221233213535443211221234321133111111
000111111331003432322122312201333122223210012310
000111354233221001111221122000111000122001 21000
122222356333123345454422212222123331001111000011
221000011000000001322101111212335421442 32111112
112220122122210223122200110221443101330000000000
002311221233100011112211.

Um den Überblick über die Ergebnisse dieses Abschnittes zu
erleichtern, wird es zweckmäßig sein, sie an einem entsprechenden
statistischen Material mit den Gesetzmäßigkeiten ohne Wahrscheinlichkeitsnachwirkung zu vergleichen. Eine solche Statistik [16]),
bei der sich der Mechanismus in allen seinen Einzelheiten leicht

übersehen läßt, ist nun von uns bereits auf S. 17 in dem Beispiel mit der Fußgängerzählung gebracht worden, die, wie bereits erwähnt, in der Tat eine Wahrscheinlichkeitsnachwirkung aufweist und auch ursprünglich zu dem Zwecke angestellt wurde, zu dem sie jetzt wird angewendet werden. Nur dürfen wir die Reihe jetzt nicht in dem „umgerührten" Zustande verwenden, wie das früher der Fall war, sondern in der Reihenfolge, in der die Zahlen tatsächlich beobachtet wurden. In der vorstehenden Tabelle XI ist die ganze beobachtete Statistik enthalten.

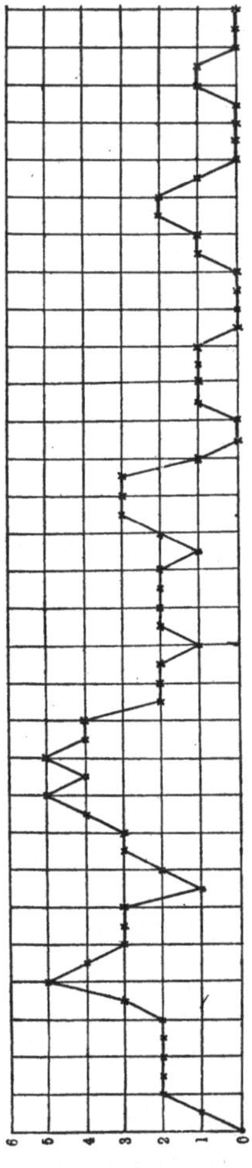

In Fig. 2 ist der Anfang der Tabelle graphisch dargestellt.

Wie bereits vorhin erwähnt, kann sich gegen die früheren Betrachtungen an dieser Reihe betreffs der Häufigkeit der verschiedenen n-Werte und die Schwankungsgröße nichts geändert haben. Wir haben uns also nur mit der Schwankungsgeschwindigkeit zu befassen. Zu diesem Zwecke wurde wieder die Häufigkeit aller in Tabelle XI enthaltenen Zahlenfolgen aus dieser entnommen und analog den früheren Beispielen in der jeweils oberen Zeile der folgenden Tabelle XII niedergelegt. Daraus nun wurde zunächst die Größe $\overline{\mathit{\Delta}^2}$ berechnet und in Formel (31) eingesetzt. Da v bekannt, nämlich gleich 1,592 ist, so kann man aus ihr den die Nachwirkung regelnden Parameter P entnehmen, der sich so zu

$$P = 0{,}316$$

ergab.

Mit diesen Werten für P und v kann man nun gemäß den Formeln (28) die Wahrscheinlichkeiten der verschiedenen Zahlenfolgen berechnen und mit den empirisch gefundenen vergleichen; sie sind in der jeweils zweiten Zeile der obigen Tabelle enthalten und ihre Übereinstimmung mit den gefundenen Häufigkeiten läßt, wie man sieht, nichts zu wünschen übrig.

Tabelle XII.

	0	1	2	3	4	5	6	7
0	67	23	7	1	—	—	—	—
	59	30	7	1	—	—	—	—
1	24	83	41	16	1	—	—	—
	30	84	40	11	1	—	—	—
2	6	46	58	18	7	1	—	—
	8	40	57	23	5	0	—	—
3	1	11	25	23	8	1	1	—
	1	9	25	24	9	2	0	—
4	—	2	5	7	7	5	0	—
	—	2	6	9	7	3	0	—
5	—	—	0	5	2	0	0	1
	—	—	1	2	3	2	1	1
6	—	—	—	—	0	1	—	—
	—	—	—	—	1	1	—	—
7	—	—	—	—	1	—	—	—
	—	—	—	—	0	—	—	—

Ferner wurde Formel (30) verifiziert, indem einerseits die $\varDelta_n$ (beob.) aus Tabelle XII entnommen, andererseits die $\varDelta_n$ (ber.) vermittelst der bekannten Werte von P und v aus (30) berechnet und in Tabelle XIII eingetragen wurden. Die Übereinstimmung ist auch hier recht gut und wird noch besser aus der graphischen Darstellung in Fig. 3 ersichtlich, die zeigt, daß sich die Beobachtungen wirklich durch eine gerade Linie ausgleichen lassen.

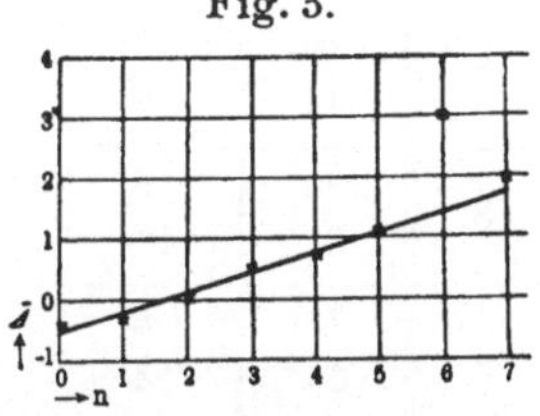
Fig. 3.

Um zu zeigen, daß gerade die früher angegebenen Werte der Konstanten P und v die Beobachtungen richtig ausgleichen, wurden aus dem empirischen Material der Tabelle XIII nach der Methode der kleinsten Quadrate die wahrscheinlichsten Werte von P und v berechnet. Es ergaben sich folgende Zahlen:

$$v = 1{,}580, \qquad P = 0{,}322,$$

die mit den direkt ausgewerteten oben angeführten fast vollständig übereinstimmen.

Tabelle XIII.

n	$\overline{\varDelta(n)}$ (beob.)	$\overline{\varDelta(n)}$ (ber.)	n	$\overline{\varDelta(n)}$ (beob.)	$\overline{\varDelta(n)}$ (ber.)
0	$-0{,}397$	$-0{,}510$	4	$+0{,}769$	$+0{,}780$
1	$-0{,}309$	$-0{,}187$	5	$+1{,}122$	$+1{,}102$
2	$+0{,}147$	$+0{,}136$	6	$+3{,}000$	$+1{,}42$
3	$+0{,}513$	$+0{,}485$	7	$+2{,}000$	$+1{,}75$

An dem Beobachtungsmaterial läßt sich ferner Formel (34) über die Häufigkeit der verschiedenen Werte für die Zustandsdauer direkt verifizieren, hingegen ist die Reihe für die Anwendung von (35) zu kurz. In Tabelle XIV sind wieder für jedes Wertepaar n und k die aus Tabelle XI entnommene Anzahl der die Dauer $k\tau$ besitzenden Gruppen von n-Zuständen in der jeweils oberen Zeile verzeichnet, während in der unteren die aus Formel (34) entnommenen berechneten Werte eingetragen sind. In Anbetracht der geringen Zahl der zur Verfügung stehenden Werte ist die Übereinstimmung zwischen ihnen völlig ausreichend.

Tabelle XIV.

n	1	2	3	4	5	6	7	8	11
0	7	9	7	4	0	1	0	1	2
	12	7	5	3	2	1	1	0	0
1	47	13	6	11	1	3	1	—	—
	40	20	11	6	3	1	1	—	—
2	40	26	6	4	2	0	—	—	—
	45	19	8	3	2	1	—	—	—
3	28	15	4	0	—	—	—	—	—
	31	11	4	1	—	—	—	—	—
4	13	5	1	—	—	—	—	—	—
	14	4	1	—	—	—	—	—	—
5	8	0	—	—	—	—	—	—	—
	7	1	—	—	—	—	—	—	—
6	1	—	—	—	—	—	—	—	—
	1	—	—	—	—	—	—	—	—
7	1	—	—	—	—	—	—	—	—
	1	—	—	—	—	—	—	—	—

Schließlich ist es noch möglich, aus Tabelle XI mittlere Dauer und Wiederkehrzeit der verschiedenen n-Zustände zu entnehmen und mit den aus den Formeln (36) und (37) folgenden theoretischen Werten zu vergleichen, was in der folgenden Tabelle XV mit bestem Erfolge durchgeführt erscheint.

Tabelle XV.

n	T (beob.)	T (ber.)	Θ (beob.)	Θ (ber.)
0	3,16	2,53	13,1	9,92
1	2,01	2,04	4,14	4,26
2	1,74	1,73	4,67	4,98
3	1,49	1,52	9,44	9,60
4	1,37	1,38	25,2	23,9
5	1,00	1,28	62,0	72,6
6	1,00	1,21	—	262
7	1,00	1,16	—	1105

Da der Mechanismus unserer Statistik leicht zu überblicken ist, können wir nun auch versuchen, ob der aus den Beobachtungen errechnete Wert für P übereinstimmt mit demjenigen, der sich aus der Definition von P ergibt. Die Wahrscheinlichkeit nämlich, daß ein Fußgänger, der sich zur Zeit der r ten Beobachtung in dem betrachteten Intervall befunden hatte, dieses zur Zeit der $r+i$ ten verlassen hat, ist, wenn die Länge der betrachteten Hausfront gleich a ist und die Geschwindigkeit des Fußgängers v [16] [17]

$$P = \frac{v\tau}{a}. \tag{40}$$

In unserem Falle war $a = 24\,\mathrm{m}$, $\tau = 5\,\mathrm{sec}$; dann folgt aus der obigen Formel unter Benutzung unseres Wertes $P = 0,316$ für die Geschwindigkeit v im Mittel 1,517 m/sec oder 5,5 km/Stunde, ein Wert, der in der Tat ungefähr der mittleren Geschwindigkeit eines Fußgängers entspricht.

Damit scheint der Beweis für die Anwendbarkeit der vorstehenden Theorie auf statistische Probleme solcher Art einwandfrei erbracht zu sein.

2. Kontinuierliche Beobachtung.

Wir denken uns nun die Zeit τ zwischen zwei aufeinanderfolgenden Serien immer mehr verkleinert, während k gleichzeitig so zunehmen soll, daß die Zeit $t = k\tau$ endlich und von Null verschieden ausfällt. Wir sahen bereits, daß im Grenzfalle $P = 0$ gesetzt werden muß, wenn wir uns vorstellen, daß die Nachwirkung eine stetige Funktion der Zeit ist.

Um unsere Formeln (34), (35), (36), (37) diesem Falle anzupassen, müssen wir den Grenzwert von $W(n, n)$ berechnen. Dieser ergibt sich zu

$$\lim_{P=0} W(n, n) = \lim_{P=0} \{(1 - v P)(1 - n P)\} = \lim_{P=0} \{1 - (n + v) P + \cdots\}.$$

Wir stellen nun P als Funktion von τ in Form einer Potenzreihe dar von folgender Gestalt:

$$P = a_1 \tau + a_2 \tau^2 + \cdots \tag{41}$$

Dann wird $W(n, n)$ darstellbar in der Form

$$\lim W(n, n) = 1 - b_1 \tau - b_2 \tau^2 \ldots, \tag{42}$$

wobei $b_1 = (n + v) a_1$.

Ist daher $a_1 \gtrless 0$, so folgt für kontinuierliche Beobachtung aus (34), (35)

$$\varphi_n(k\tau) = \lim_{\tau=0} (1 - b_1 \tau \cdots)^{k-1} (b_1 \tau + \cdots) = e^{-b_1 t} b_1 \tau,$$

$$\psi_n(k\tau) = e^{-c_1 t} c_1 \tau,$$

wobei
$$c_1 = \frac{W(n)}{1 - W(n)} (n + v) a_1.$$

Bezeichnet nun $\varphi_n(t) dt$ die Wahrscheinlichkeit, daß der n-Zustand nicht kürzer als t und nicht länger als $t + dt$ anhält, analog $\psi_n(t) dt$, so folgt endlich

$$\varphi_n(t) dt = b_1 . e^{-b_1 t} . dt \qquad b_1 = (n + v) a_1 \tag{43}$$

$$\psi_n(t) dt = c_1 e^{-c_1 t} dt \qquad c_1 = \frac{W(n)}{1 - W(n)} (n + v) a_1. \tag{44}$$

Durch Umwandlung der Summe in (36), (37) in ein Integral erhält man weiter

$$T(n) = \int_0^\infty t \, \varphi_n(t) dt = \frac{1}{b_1} = \frac{1}{a_1 (n + v)} \tag{45}$$

$$\Theta(n) = \int_0^\infty t \, \psi_n(t) dt = \frac{1}{c_1} = \frac{1 - W(n)}{W(n)(n + v) . a_1}, \tag{46}$$

welche Formeln sich auch direkt aus (36) und (37) durch Einsetzung von (42) gewinnen lassen.

3. Schwankungserscheinungen an der Reihe der Wiederkehrzeiten (kontinuierliche Beobachtung).

Wie man sieht, stellen auch die aufeinanderfolgenden Wiederkehrzeiten t eines gewissen n-Zustandes eine statistische Reihe dar, die um einen Mittelwert Θ schwankt. Man kann auch hier nach der Schwankungsgröße fragen. Diese Art von Schwankungen sind aber insofern prinzipiell von den früher behandelten verschieden, als bei ihnen der Mittelwert der schwankenden Größe mit ihrem wahrscheinlichsten Wert im Gegensatz zu früher nicht zusammenfällt. Das kommt daher, daß in diesem Falle infolge der notwendigen Bedingung $t > 0$ Schwankungen um den wahrscheinlichsten Wert nur nach einer Richtung vor sich gehen können [8] [19].

In der Tat ist nach (46)

$$\Theta_n = \frac{1}{c_1},$$

während aus (44) für den wahrscheinlichsten Wert folgt:

$$t_W = 0. \tag{47}$$

Bezeichnen wir ähnlich, wie früher, als „relative Schwankung" die Größe $\varepsilon = \dfrac{t - \Theta}{\Theta}$, dann ergibt deren Einführung in (46) für die Schwankungswahrscheinlichkeit

$$\psi(\varepsilon)\, d\varepsilon = e^{-(1+\varepsilon)}\, d\varepsilon, \tag{48}$$

woraus für die Schwankungsgröße resultiert

$$|\bar{\varepsilon}| = \int\limits_0^\infty \varepsilon\, \psi(\varepsilon)\, d\varepsilon - \int\limits_{-1}^\infty \varepsilon\, \psi(\varepsilon)\, d\varepsilon = \frac{2}{e} = 0{,}7358 \tag{49}$$

$$\overline{\varepsilon^2} = \int\limits_{-1}^\infty \varepsilon^2\, \psi(\varepsilon)\, d\varepsilon = 1, \tag{50}$$

also im Gegensatz zu den „n-Schwankungen" vom Mittelwert unabhängig.

Die Wahrscheinlichkeit eines beliebigen positiven ε ist ferner kleiner als die eines negativen ε, indem

$$\left.\begin{aligned}
\psi(+) &= \int\limits_0^\infty \psi(\varepsilon)\, d\varepsilon = \frac{1}{e} = 0{,}3679\ldots, \\[2mm]
\psi(-) &= \int\limits_{-1}^0 \psi(\varepsilon)\, d\varepsilon = 1 - \frac{1}{e} = 0{,}6321\ldots
\end{aligned}\right\} \tag{51}$$

Wir wollen auch für diese Art von Schwankungserscheinungen ein statistisches Beispiel angeben, an dem sich die Verhältnisse leicht überblicken lassen. Es läßt sich das mit demselben Material bewerkstelligen, wie es im vorigen Abschnitt schon herangezogen wurde, nur daß wir diesmal unsere Beobachtungen kontinuierlich auszuführen haben. In der Tat genügt ja die Größe P bei der Fußgängerstatistik der Bedingung (41), liefert also für a_1 einen endlichen Wert, nämlich

$$a_1 = \frac{v}{a}.$$

Um eine solche Beobachtung tatsächlich durchführen zu können, ist es notwendig, das Intervall a möglichst klein zu machen, da nur ein solches kontinuiẻrlich beobachtet werden kann. Sehen wir, was herauskommt, wenn man mit a zum Grenzwert Null übergeht. Es wird dann offenbar jeder andere als der Wert $n = 1$ eine verschwindend kleine Wahrscheinlichkeit gegen diesen bekommen, so daß wir uns auf diesen Fall beschränken können. v hingegen wird, da ja kontinuierlich beobachtet wird, jedenfalls gleich Null. Daraus folgt

$$b_1 = a_1 = \infty, \qquad \text{also} \qquad T(n) = 0,$$

was von vornherein zu erwarten war. Ferner

$$c_1 = v \cdot \frac{v}{a} = s\,v,$$

wenn man mit s die lineare Dichte der Fußgänger längs des Gehsteiges, die ja eine endliche Größe ist, bezeichnet. Die Wiederkehrzeit des Falles $n = 1$ ist also endlich und von Null verschieden und kann daher auf ihre Schwankungen untersucht werden.

Dies wurde so ausgeführt, daß ich eine bestimmte Stelle auf dem Gehsteig markierte und mit Hilfe eines sekundenschlagenden Metronoms die Zeiten zwischen den aufeinanderfolgenden Passagen eines Fußgängers über diese Marke notierte. Die so gewonnenen, auf ganze Sekunden abgerundeten Zahlen sollen nun, wenn unsere Überlegungen richtig sind, einer Funktion der Form $\psi(t)$ (Formel 44) genügen.

In der folgenden Tabelle XVI ist nun zunächst die ganze Statistik wiedergegeben.

Tabelle XVI.

20 11 4 8 2 3 4 10 9 5 20 3 9 7 13 1 26 3 11 2 11 0
11 11 6 10 1 3 2 3 6 1 9 2 13 6 20 21 2 4 5 7 6 7 12
17 2 5 3 5 13 2 4 5 2 7 5 10 1 7 7 1 7 2 17 2 3 5 1 3
0 16 13 4 6 17 9 22 7 3 9 11 4 2 20 5 6 1 5 9 16 5 1
2 10 2 3 19 0 18 22 7 11 13 5 15 3 1 10 2 3 20 2 11
6 2 6 8 1 1 0 6 1 28 6 1 8 9 7 2 21 6 26 7 7 8 2 13 8
0 1 2 6 5 1 7 4 12 4 20 2 10 5 1 3 2 4 2 6 2 2 11 16
6 2 4 1 1 8 9 8 6 3 1 14 2 17 2 5 0 2 5 1 4 7 17 2 1
3 3 0 3 5 6 6 9 1 27 1 6 2 1 1 6 11 3 13 7 4 16 20 5
2 2 3 5 13 7 1 6 2 2 24 15 1 24 8 5 10 2 4 7 11 6 3
8 0 1 9 15 8 12 15 12 1 7 2 5 8 11 2 0 1 16 2 2 4 4 7
11 13 9 22 6 1 1 2 2 4 3 3 6 2 6 7 4 2 3 0 5 2 9 6 24
9 4 5 4 7 8 1 2 4 16 3 19 17 0 1 3 2 1 20 0 2 4 2 3 1
4 2 10 4 34 6 11 7 4 3 2 6 11 6 21 0 1 29 1 0 17 1 2
13 0 3 3 5 1 0 17 1 4 7 1 0 16 4 2 1 12 2 2 2 2 3 3 3 6
1 9 5 1 6 3 16 15 1 6 5 9 1 21 7 16 1 5 4 5 8 3 25 7
3 1 5 1 2 5 0 6 4 9 17 7 8 15 3 6 1 1 3 6 1 1 2 7 19
2 7 11 1 4 29 1 4 3 4 4 11 6 2 2 6 6 2 6 31 6 10 5 0
3 2 7 9 3 14 2 2 11 3 26 3 5 5 6 1 2 4 3 6 21 14 6 3
3 11 2 5 0 2 2 5 1 7 0 2 14 1 1 8 0 16 5 11 5 13 5 7
2 5 4 5 7 4 10

Die Gesamtzahl der Beobachtungen ist 486. Dabei ist nun aber noch zu berücksichtigen, daß infolge der Abrundung auf ganze Sekunden jede Zahl der Tabelle ein Intervall von der Länge einer Sekunde bedeutet, in dem die beobachtete wirkliche Zeit gelegen haben kann, mit Ausnahme der Zahl Null, die sich nur auf das halbe Intervall erstreckt. Daher muß bei der Mittelbildung diese Zahl mit dem doppelten Gewicht angesetzt werden, indem man jede Null doppelt zählt, was die Gesamtzahl der Beobachtungen auf 509 erhöht. Der so gefundene Mittelwert ergibt sich zu

$$\Theta = 6{,}20 \qquad \text{bzw.} \qquad c_1 = 1/\Theta = 0{,}1613.$$

Wir verwenden Formel (44) in der integrierten Form, in welcher sie uns die Wahrscheinlichkeit dafür gibt, daß t zwischen den beiden Grenzen t_1 und t_2 eingeschlossen sei.

$$\int_{t_1}^{t_2} \psi(t)\,dt = e^{-c_1 t_1} - e^{-c_1 t_2} \qquad (52)$$

In der Tabelle XVII sind die aus XVI hervorgehenden beobachteten Häufigkeiten der t innerhalb der aus der ersten Kolonne ersichtlichen Grenzen in der Spalte (beob.) eingetragen, während die aus obenstehender Formel berechneten in der Spalte (ber.) danebengesetzt sind. Die Übereinstimmung ist wohl besser nicht denkbar.

Tabelle XVII.

t	beob.	ber.
0— 3,5	199	220
3,5— 6,5	116	111
6,5— 9,5	63	66
9,5—12,5	35	40
12,5—15,5	21	25
15,5—20,5	31	22
20,5—25,5	12	10
25,5— ∞	9	8
	486	486

Es wurde ferner die „Schwankungsgröße" der t berechnet und ergab

$$|\overline{\varepsilon}| = 0{,}743 \text{ gegen den theoretischen Wert } 0{,}736 \quad [\text{Formel (49)}]$$
$$\overline{\varepsilon^2} = 0{,}989 \quad \text{„ „ „ „ } 1 \quad [\text{Formel (50)}]$$

Für die Wahrscheinlichkeiten beliebiger positiver oder negativer ε ergibt sich schließlich

$$\psi(+) = 0{,}352 \text{ gegen den theoretischen Wert } 0{,}368$$
$$\psi(-) = 0{,}648 \quad \text{„ „ „ „ } 0{,}632 \quad \left. \right\} [\text{Formel (51)}]$$

Literatur zum ersten Kapitel.

[1] M. v. Smoluchowski, Boltzmannfestschrift, S. 626 (1904).

[2] E. v. Schweidler, Phys. Zeitschr. 11, 614 (1910).

[3] E. Meyer, Phys. Zeitschr. 11, 215 (1910).

[4] N. Campbell, Proc. Cambr. Soc. 15, 117 u. 310 (1910); Phys. Zeitschr. 11, 826 (1910).

[5] M. v. Smoluchowski, Phys. Zeitschr. 13, 1069 (1912).

[6] Th. Svedberg, Die Existenz der Moleküle, Leipzig 1912.

[7] T. Ehrenfest, Phys. Zeitschr. 14, 675 (1913).

[7a] E. v. Schweidler, Phys. Zeitschr. 14, 198 (1913).

[8] L. Bortkiewicz, Die radioaktive Strahlung als Gegenstand wahrscheinlichkeitstheoretischer Untersuchungen, Berlin 1913.

[9] M. v. Smoluchowski, Göttinger Vorträge über kinetische Theorie der Materie und Elektrizität, S. 89, Leipzig 1914.

[10] Lorenz und Eitel, Zeitschr. f. phys. Chem. 87, 293 u. 434 (1914).

[11] M. v. Smoluchowski, Wiener Ber. **123** (2a), 2381 (1915); **124** (2a), 339 (1915); Phys. Zeitschr. **16,** 321 (1915); Koll. Zeitschr. **18,** 49 (1916).

[12] M. v. Smoluchowski, Phys. Zeitschr. **17,** 557 (1916).

[13] H. A. Lorentz, Les theories statistiques en thermodynamique, Leipzig 1916.

[14] A. Podjed, Phys. Zeitschr. **19,** 39 (1918).

[15] E. Schrödinger, Phys. Zeitschr. **19,** 218 (1918).

[16] R. Fürth, Phys. Zeitschr. **19,** 421 (1918); **20,** 21 (1919).

[17] L. S. Ornstein und H C. Burger, Versl. K. Akad. v. Wetensch. Amsterdam **27,** 1146 (1919).

[18] E. Schrödinger, Wiener Ber. **128** (2a), 177 (1919).

[19] R. Fürth, Phys. Zeitschr. **20,** 303 (1919).

Zweites Kapitel.

Schwankungserscheinungen im Gebiete des mikroskopisch Sichtbaren (Kolloidstatistik).

Nachdem wir im vorangehenden Kapitel die mathematischen Grundlagen der Schwankungstheorie entwickelt haben, wird es sich in den nun folgenden Abschnitten darum handeln, sie auf die physikalischen Erscheinungen überall dort anzuwenden, wo wir vermuten, daß die makroskopischen Gesetzmäßigkeiten sich als statistische Massenerscheinungen der molekularen Vorgänge auffassen lassen.

Dem in der Einleitung entwickelten Plane folgend werden wir zunächst ein Gebiet betreten, bei dem sich die Einzelheiten des Mechanismus im Gebiete des Mikroskopischen direkt verfolgen lassen: das Gebiet der kolloiden Lösungen.

Jede Lösung, sei sie molekular oder kolloidal, ist aufzufassen als eine Gesamtheit von sehr vielen kleinen Teilchen, die in dem Lösungsmittel suspendiert sind. Diese Teilchen sind nun aber nicht in Ruhe, sondern in beständiger, lebhafter Bewegung begriffen, indem ja die Teilchen molekularer Lösungen sich in thermischer Agitation befinden, eine Bewegung, die durch die äußerst häufigen Zusammenstöße der Teilchen miteinander den Charakter einer ungeordneten Bewegung hat, die Teilchen kolloider Lösungen aber ebenfalls infolge der unregelmäßigen Stöße der Moleküle der umgebenden Substanz die Brownsche Bewegung ausführen, die um so lebhafter sein wird, je kleiner die Dimensionen des Teilchens sind.

Mit der kräftefreien **Brownschen** Bewegung des Einzelteilchens werden wir uns, obwohl sie zu den Schwankungserscheinungen Anlaß gebend ist, hier nicht zu beschäftigen haben, da
sie selbst keine makroskopische, sondern eine mikroskopische Erscheinung ist.

Dem makroskopischen Beobachter erscheint die kolloide Lösung nicht diskontinuierlich, sondern kontinuierlich, und er kann
ihr Verhalten durch einen einzigen Parameter, die Dichte, charakterisieren, die eine kontinuierliche Funktion des Ortes und der
Zeit ist. Die Erfahrung lehrt, daß nach genügend langer Zeit
sich eine Verteilung der Dichte von selbst einstellt, die nunmehr
von der Zeit unabhängig bestehen bleibt: das Gleichgewicht.

Nach unserer Auffassung nun ist ein solches Gleichgewicht
kein wirkliches, sondern bloß ein statistisches, das durch die
große Menge der Einzelereignisse vorgetäuscht wird, während
tatsächlich, in mikroskopischen Dimensionen betrachtet, die
Dichte, das ist Teilchenzahl pro Volumeneinheit, infolge der
Brownschen Bewegung der Teilchen ständigen und unstetigen
Schwankungen, auch nach Eintritt des „Gleichgewichtes" unterworfen sein wird.

A. Statistisches Gleichgewicht
einer Suspension mit Vernachlässigung der Schwere.

1. Theoretisches.

Wir betrachten eine große Anzahl von untereinander gleichen
festen Partikelchen, die in einem Gase oder einer Flüssigkeit
suspendiert sind, derart, daß ihre **Brownsche** Bewegung bereits
beträchtlich ist, aber trotzdem die Teilchen im Mikroskop (bzw.
Ultramikroskop) noch einzeln sichtbar gemacht werden können.
Vom phänomenologischen Standpunkt ist die Dichte der Suspension
in einem kleinen, optisch irgendwie begrenzten Teilvolumen zeitlich absolut konstant, tatsächlich wird aber die jeweils beobachtete Teilchenzahl n infolge der **Brownschen** Bewegung Schwankungen um einen gewissen Mittelwert v ausführen.

Wir denken uns zunächst dieses Volum in äquidistanten
Zeiten τ beobachtet und jedesmal die in ihm enthaltene Teilchen-
zahl n notiert. Üben die einzelnen Teilchen aufeinander keine
Kräfte aus, so sind diese n Glieder einer statistischen Reihe, wie

wir sie im vorigen Kapitel behandelten. Die Einzelereignisse bilden dabei das Auftreten bzw. Nichtauftreten eines bestimmten Teilchenindividuums in dem Volumen v, die Gesamtheit der bei einer Beobachtung in v enthaltenen Teilchen die günstigen Ereignisse einer Serie. Ist das gesamte Flüssigkeitsvolumen V, dann ist die konstante Wahrscheinlichkeit $p = \dfrac{v}{V}$ und der Mittelwert v, wenn die gesamte Teilchenzahl gleich N ist: $v = pN = \dfrac{v}{V} N$.

Da wir angenommen haben: $v \ll V$, sind die Voraussetzungen des Grenzfalles 1 des vorigen Kapitels erfüllt, für die Schwankungswahrscheinlichkeit gilt daher Formel (8), für die Schwankungsgröße Formel (9), (10).

Eine Wahrscheinlichkeitsnachwirkung ist in diesem Fall vorhanden, da das Auftreten eines bestimmten Teilchenindividuums in v bei einer bestimmten Beobachtung die Wahrscheinlichkeit des Auftretens desselben Individuums bei der nächsten Beobachtung vergrößert. Für die Schwankungsgeschwindigkeit gelten daher die Formeln (30) und (31), von denen die erste die makroskopische Ausgleichswirkung der Diffusion, die zweite im Gegenteil die mikroskopische Schwankungswirkung zum Ausdruck bringt. Die Größe P, die offenbar mit der makroskopischen Diffusion eng zusammenhängen muß, bezeichnen wir mit Smoluchowski als Diffusionsfaktor. Sie läßt sich als Funktion des Zeitintervalls τ ihrer Definition nach leicht berechnen [11] [13]), wenn man die aus der Theorie der Brownschen Bewegung bekannte Formel für die Wahrscheinlichkeit der Verschiebung eines Teilchens durch diese Bewegung um eine Strecke $r \ldots r + dr$ in der Ebene in der Zeit t heranzieht

$$W(r)\, dr = \frac{1}{4\pi Dt}\, e^{-\frac{r^2}{4Dt}}\, dr, \qquad (53)$$

wo D den Diffusionskoeffizienten der kolloiden Lösung bedeutet.

Die Größe D hängt nach der Einsteinschen Formel mit der Beweglichkeit B des Kolloidteilchens, der Gaskonstanten R, der absoluten Temperatur $\mathfrak{T}$ und der Loschmidtschen Zahl N (Zahl der Moleküle pro Grammolekül) folgendermaßen zusammen:

$$D = \frac{R}{N}\, \mathfrak{T} . B.$$

B wiederum hängt von der Gestalt und Größe des Teilchens und der Zähigkeit des Suspensionsmittels ab. Speziell für kugelige Partikel gilt das Stokessche Gesetz

$$B = \frac{1}{6\,\pi\,a\,\zeta},$$

worin a den Radius des Partikels und ζ die Viskosität der Flüssigkeit bezeichnet.

Wir denken uns das Volumen v aus einer Schicht zwischen zwei undurchdringlichen parallelen Wänden gebildet, senkrecht, auf welche die Beobachtung vorgenommen wird. Die seitliche Begrenzung des Volumens sei für die Teilchen durchdringlich. Dann folgt aus der Definition von P als Austrittswahrscheinlichkeit die Formel

$$P = \frac{1}{v \cdot 4\,\pi\,Dt} \int\!\!\int e^{-\frac{r^2}{4\,Dt}}\,dv\,dV, \tag{54}$$

worin r den Abstand eines Punktes innerhalb v von einem Punkte des äußeren Raumes $(V - v)$ bedeutet und die erste Integration über den inneren, die zweite über den äußeren Raum zu erstrecken ist.

Wir betrachten zwei Spezialfälle. Im ersten Fall sei die seitliche Begrenzung spaltförmig, derart, daß die Breite des Spaltes h gegen seine Länge zu vernachlässigen sei. Dann ergibt sich für P

$$P = \frac{2}{\sqrt{\pi}} \int\limits_{\beta}^{\infty} e^{-y^2}\,dy + \frac{1}{\beta\,\sqrt{\pi}}\,(1 - e^{-\beta^2}), \tag{55}$$

worin zur Abkürzung gesetzt ist $\beta = \dfrac{h}{2\sqrt{D\tau}}$.

Zweitens, die seitliche Begrenzung sei eine Kreiszylinderfläche vom Radius ϱ; dann wird

$$P = e^{-2\alpha}\,\{I_0(2\,\alpha) + I_1(2\,\alpha)\}, \tag{56}$$

worin $I_n(t)$ die Zylinderfunktionen imaginären Argumentes

$$I_n(t) = i^{-n}\,J_n(it)$$

bedeuten und $\alpha = \dfrac{\varrho^2}{4\,Dt}$ gesetzt ist*).

---

*) Die Abhängigkeit der Größe P von α für den letzteren Fall, der aus der Formel nicht übersehen werden kann, ist von Westgren in Form einer Tabelle dargestellt worden.

Für Wiederkehrzeit und durchschnittliche Dauer gelten ebenfalls die früher abgeleiteten Formeln (36) und (37) im Verein mit (28).

Benutzen wir kontinuierliche Beobachtung statt der diskontinuierlichen, dann müssen wir $P(\tau)$ für den Grenzfall sehr kleiner τ berechnen. In diesem Fall ist die Verwendung von Formel (53) für die Bewegung des Teilchens unzulässig, da diese nur für Zeiten gilt, die groß sind gegen die zwischen zwei Molekülstößen verfließende Zeit. Für so kleine Zeiten aber haben wir die Bewegung des Teilchens als geradlinig anzusehen mit einer Geschwindigkeit, deren Größenverteilung dem Maxwellschen Geschwindigkeitsverteilungsgesetz gehorcht. Unter dieser Voraussetzung wird

$$\lim_{\tau=0} P = \frac{F}{v}\,\frac{C\tau}{\sqrt{6\pi}}, \tag{57}$$

worin F die Oberfläche des Volumelementes und C die mittlere Geschwindigkeit der Teilchen bedeutet.

Dann wird unser a_1 der Formel (41) gleich

$$a_1 = \frac{FC}{v\sqrt{6\pi}}, \tag{58}$$

was in (45), (46) eingesetzt, die gesuchten Werte für $T(n)$ und $\Theta(n)$ ergibt. Da nach dem Gleichverteilungssatz der statistischen Mechanik die mittlere kinetische Energie des Teilchens gleich $\frac{3}{2}\frac{R\mathfrak{T}}{N}$ sein muß, so folgt für C

$$C = \sqrt{\frac{3R\mathfrak{T}}{NM}}, \tag{59}$$

wenn die Masse des Teilchens M ist.

Auf die Komplikation der Erscheinungen, wenn die Kräfte zwischen den einzelnen Partikeln nicht mehr zu vernachlässigen sind, kommen wir im nächsten Kapitel wieder zurück.

2. Experimentelles.

Zur Prüfung der oben entwickelten Gesetzmäßigkeiten bedarf man zunächst eines Kolloids mit Teilchen, deren Radien untereinander gleich sind und sich bestimmen lassen, einer Vorrichtung zur Sichtbarmachung und Zählung dieser Teilchen und einer

Anordnung, um in der Lösung ein Volumelement von genau bekannten Dimensionen abgrenzen zu können.

Wegen der Wohldefiniertheit des Teilchenmaterials eignen sich zu diesen Untersuchungen am besten die Edelmetallhydrosole, deren Teilchen sich auch am leichtesten sichtbar machen lassen. Fast durchweg wurden für die Versuche Goldhydrosole verwendet, die nach der Zsigmondyschen Keimmethode aus mikroskopischen Goldkeimen hergestellt eine sehr nahe Gleichheit der Teilchenradien aufweisen. Die Radien lassen sich bei dieser Methode auch sehr einfach bestimmen, indem man die Anzahl der in einem gewissen Volum befindlichen Teilchen auszählt und den gesamten Goldgehalt des Kolloids aus der Menge des zur Reduktion verwendeten Goldchlorids bestimmt.

Die Sichtbarmachung erfolgt in der Regel mit dem Ultramikroskop, und zwar entweder mit dem Spaltultramikroskop oder mit dem Paraboloid- bzw. Kardioidkondensor. Um die Teilchen in äquidistanten Zeitpunkten zu zählen, kann man entweder das Präparat in äquidistanten Zeitpunkten kurz beleuchten durch Einschaltung einer rotierenden mit Sektorausschnitten versehenen Scheibe in den Gang der Lichtstrahlen oder einfacher, indem man das Präparat konstant beleuchtet und die Zählung nach dem Takt eines Metronoms ausführt.

Die Abgrenzung des Volumelementes schließlich erfolgt senkrecht zur Blickrichtung im Falle der Verwendung des Spaltultramikroskops „optisch", indem bloß eine Lichtschicht von wenigen μ Dicke, durch den Spalt ausgeblendet, das Präparat beleuchtet, während beim Kardioidkondensor etwa die Abgrenzung „mechanisch" erfolgt dadurch, daß das Präparat zwischen zwei Deckgläsern in sehr dünner Schicht eingeschlossen ist. Parallel zur Blickrichtung wird das Volumen durch eine geeignet geformte Blende im Okular des Beobachtungsmikroskops abgegrenzt, so daß sich die Dimensionen aus der Vergrößerung desselben leicht berechnen lassen.

Ältere Untersuchungen von Svedberg und einigen seiner Schüler[2][4] an Kolloiden sehr verschiedener Natur mit Hilfe des Spaltultramikroskops ergaben nun das sehr merkwürdige Resultat, daß die Formeln (8), (9), (10) über die Schwankungsgröße zwar bei sehr geringen Konzentrationen der Lösung gültig waren, jedoch schon bei verhältnismäßig geringfügigen Konzentrationsvergrößerungen nicht mehr stimmten, woraus die Verfasser auf Fernkräfte schlossen, die zwischen den Teilchen wirksam sein sollten. Da aber durch andere Untersuchungen festgestellt worden war, daß solche Kräfte erst bei ungleich größeren Konzentrationen auftreten dürften*), lag die Vermutung nahe, daß es sich um einen prinzipiellen Fehler der Beobachtungsmethode handle. In der Tat hat Westgren später gezeigt[12]), daß die optische Abgrenzung es ist, die die scheinbare Unstimmigkeit hineinbringt, weil durch das Auftreten eines diffusen Lichtkegels auch Teilchen beleuchtet werden, die außerhalb des betrachteten Volumelementes liegen: Die Schwankungsgröße kommt zu klein heraus.

Um nun dieser Fehlerquelle zu entgehen, benutzt Westgren die mechanische Abgrenzung, indem das Präparat in eine mikroskopische Kammer gebracht wird, die aus zwei parallelen Deckgläsern besteht, welche in einem Abstand h von 2 bis $10\,\mu$ durch Fäden aus Pizein getrennt und dicht abgeschlossen sind. Die seitliche Begrenzung geschieht wieder durch eine Okularblende, und zwar entweder durch eine spaltförmige[12]) oder durch eine kreisförmige[15]), so daß man also entweder Formel (55) oder (56) anzuwenden hat.

Die Formeln zeigen sich durchweg sehr gut bestätigt, was man aus den nachstehenden Tabellen, die Westgrens Arbeit entnommen sind, ersehen kann. In Tabelle XIX stammen die beobachteten P-Werte aus Formel (31), während die berechneten aus (55) vermittelst Kenntnis der Teilchengröße und Anwendung des Stokesschen Widerstandsgesetzes ermittelt wurden. Für die Loschmidtsche Zahl N ist der Wert $60,6 \cdot 10^{22}$ zugrunde gelegt.

Tabelle XVIII.

n	Häufigkeit		$\overline{\delta^2}$	$\dfrac{1}{\nu}$	$\lvert\overline{\delta}\rvert$	$\dfrac{2\,\nu^\lambda e^{-\nu}}{\lambda!}$
	beob.	ber.				
0	383	380				
1	568	542				
2	357	384				
3	175	184	0,743	0,700	0,696	0,689
4	67	66				
5	28	19				
6	5	5				
7	2	2				

*) Siehe Westgrens Versuche über das Sedimentationsgleichgewicht in Kolloiden, S. 49.

Tabelle XIX.

$h \cdot 10^4$	$D \cdot 10^8$	t	ν	$\overline{\varDelta^2}$	$P\,(\text{beob.})$	$P\,(\text{ber.})$	$\dfrac{P\,(\text{beob.})}{P\,(\text{ber.})}$
6,56	3,95	1,39	1,428	1,068	0,374	0,394	0,95
		2,78		1,452	0,513	0,517	0,99
		4,17		1,699	0,600	0,587	1,02
		5,56		1,859	0,656	0,634	1,03
		9,73		2,125	0,744	0,713	1,04
		13,90		2,265	0,693	0,760	1,04

Tabelle XX.

	0	1	2	3	4	5	6	7
0	210	126	35	7	0	1	—	—
	221	119	32	6	1	—	—	—
1	134	281	117	29	1	1	—	—
	119	262	122	31	5	1	—	—
2	27	138	108	63	16	3	—	—
	32	122	149	63	15	3	—	—
3	10	20	76	38	24	6	0	—
	6	31	63	56	22	5	1	—
4	2	2	14	22	13	11	3	—
	1	5	15	22	15	6	2	—
5	—	0	2	10	10	1	3	2
	—	1	3	5	6	3	1	—

Tabelle XXI*).

n	$T\,(\text{beob.})$	$T\,(\text{ber.})$	$\Theta\,(\text{beob.})$	$\Theta\,(\text{ber.})$
0	2,20	2,41	6,90	7,63
1	1,98	1,93	3,53	3,71
2	1,43	1,63	4,90	5,90
3	1,27	1,43	9,62	10,88
4	1,22	1,30	24,6	29,9
5	1,08	1,21	52,0	99,6

*) Aus Westgrens Zahlenmaterial vom Verfasser berechnet. Zeiteinheit: 1,39 sec.

Man kann aber auch umgekehrt so vorgehen, daß man die beobachteten P-Werte benutzt, um aus ihnen bei bekannter Teilchengröße die Loschmidtsche Zahl neu zu bestimmen; diese Bestimmung ist ebenfalls von Westgren ausgeführt worden [15]); dabei wurde die kreisförmige Begrenzung gewählt und die Versuchsbedingungen so ausgesucht, daß bei ihnen die P möglichst wenig von zufälligen Schwankungen alteriert werden. Es resultiert hierbei aus einer sehr großen Zahl von Beobachtungen $N = 60{,}9 \cdot 10^{22}$ bei einer Unsicherheit von 5 Proz. Die Berechnung der Teilchenbeweglichkeit wird hierbei wegen der Nähe der Wand mittels der Lorentzschen Korrektur an der Stokesschen Formel durchgeführt.

Ähnliche Resultate bezüglich der Schwankungsgröße erhält Iljin [5]) an groben Suspensionen ebenfalls bei mechanischer Abgrenzung.

Die Methode der optischen Abgrenzung läßt sich nicht nur auf flüssige Kolloide, sondern auch auf gasförmige Suspensionen anwenden, wie dies von Lorenz und Eitel an Rauchteilchen in Luft ausgeführt wurde [6]); die Nichtübereinstimmung der Resultate dieser Forscher mit den Smoluchowskischen Formeln ist aller Wahrscheinlichkeit nach ebenfalls auf die oben erwähnte Fehlerquelle zurückzuführen. Ihre Beobachtungsmethode unterscheidet sich jedoch von der beschriebenen prinzipiell insofern, als sie nicht ein einzelnes Volumelement, sondern eine räumliche Gesamtheit solcher Elemente gleichzeitig beobachten und diese Raumgesamtheit an Stelle der an einem Volumelement beobachtbaren Zeitgesamtheit der Zustände setzen. Dieser Vorgang ist nach den Prinzipien der statistischen Mechanik völlig korrekt, läßt sich jedoch nicht zur Messung von Schwankungsgeschwindigkeiten benutzen. Es wird zu diesem Zweck eine ausgedehnte Schicht der Dicke h gleichzeitig mit einem geeigneten quadrierten Raster photographiert und die in den einzelnen Rasterfeldern befindlichen Teilchenzahlen notiert.

Eine ähnliche Methode für flüssige Suspensionen verwendet Costantin [10]) bei sehr hohen Konzentrationen an Gummiguttsuspensionen, wobei sich einwandfrei Abweichungen von den entwickelten Formeln ergeben, die auf Kräfte zwischen den Teilchen schließen lassen. Wir kommen auf diese Versuche im nächsten Kapitel nochmals eingehender zurück. Eine kontinuierliche Beobachtung ist derzeit noch nicht durchgeführt.

B. Statistisches Gleichgewicht
einer Suspension unter Einwirkung der Schwerkraft.

Ist im Gegensatz zum vorigen Abschnitt eine Suspension außerdem noch dem Einfluß der Schwere unterworfen, so wird die Dichte, makroskopisch betrachtet, nicht in der ganzen Lösung die gleiche sein, sondern beim Fortschreiten vom Boden nach oben zu abnehmen. Wirken dabei zwischen den einzelnen Teilchen keine Kräfte, so folgt aus der kinetischen Gastheorie, daß das Boyle-Mariottesche Gesetz gültig ist und sich daher die Abhängigkeit der Konzentration von der Höhe, vorausgesetzt, daß man das Eigenvolumen der Teilchen vernachlässigen kann, durch folgende Funktion darstellen läßt:

$$d = do \cdot e^{-ah} \quad (d, a : \text{Konstanten}), \tag{60}$$

ein Gesetz, das also formal und inhaltlich dem bekannten Gesetz der Aerostatik völlig analog ist. Kinetisch resultiert es aus der Tatsache, daß die Wirkung der Schwere, die alle Teilchen am Boden anzuhäufen strebt, mit der zerstreuenden Wirkung der unregelmäßigen Teilchenbewegung einen statistischen Ausgleich herstellen muß.

Danach ist also auch hier die Höhenverteilung ein rein statistischer Gleichgewichtszustand, bei dessen mikroskopischer Analyse Schwankungserscheinungen auftreten müssen. Diese können prinzipiell auf zweierlei Weise beobachtet werden.

Entweder man beobachtet, ohne auf die Individualität der Teilchen zu achten, auf die im vorigen Abschnitt beschriebene Weise die Schwankungen der Teilchenzahl in einer bestimmten Schicht über dem Boden, oder man beobachtet das Einzelteilchen auf seinem Wege. Die erstere Methode kann man nun in einfacher Weise benutzen, um festzustellen, ob und was für Kräfte zwischen den Teilchen auftreten. Solche Kraftwirkungen müssen sich nämlich auf zweierlei Weise an der Verteilung der Teilchen äußern. Erstens werden sie bewirken, daß die Konzentration mit der Höhe nach einer anderen als der Exponentialfunktion abnehmen wird und zweitens, daß die Schwankungsgröße in irgendeiner Schicht mit dem Mittelwert der Teilchenzahl daselbst nicht durch die Formeln (8), (9), (10) zusammenhängen wird, sondern durch eine andere Gesetzmäßigkeit.

Welcher Art diese Gesetzmäßigkeit ist und wie man aus ihr auf ein bestimmtes Kraftgesetz schließen kann, wird im nächsten Kapitel auseinandergesetzt werden.

Experimentell wurden solche Untersuchungen sowohl im mikroskopischen als auch im ultramikroskopischen Gebiet angestellt. Perrin[3]) und einige seiner Schüler haben an Mastix- und Gummiguttsuspensionen Sedimentationsbeobachtungen angestellt, indem sie diese zunächst durch das Verfahren der fraktionierten Zentrifugierung gleichkörnig machten und dann in einer geeigneten Kuvette mit vertikalem Beobachtungsmikroskop derart beobachteten, daß dieses der Reihe nach auf verschiedene Schichten des Präparates eingestellt wurde und jedesmal mittels intermittierender Beleuchtung aus einer längeren Zählung der Mittelwert der Teilchenzahl in dieser Schicht gewonnen wurde. Es zeigte sich so das Gesetz (60) sehr gut bestätigt.

Die Perrinschen Versuche wurden von Costantin[10]) auf konzentriertere Suspensionen ausgedehnt, wobei sich ergab, daß hier weder die Höhenverteilung der exponentiellen entsprach, noch die aus den Beobachtungen in den einzelnen Schichten folgende Schwankungsgröße die normale Dispersion aufwies, was zur Annahme einer Kraftwirkung zwischen den Gummigutteilchen zwingt[9]).

Im ultramikroskopischen Gebiete hat Westgren[4])[8])[12]) an Gold und Selenhydrosolen Sedimentationsbeobachtungen angestellt, die nach der Keimmethode gleichkörnig hergestellt worden waren. Sie wurden in einer vertikal gestellten Westgrenschen Kammer mit horizontalem Mikroskop unter Anwendung intermittierender Zählung in verschiedenen Höhen über dem Boden beobachtet, nachdem man, um das Sedimentieren zu beschleunigen, die Teilchen durch Zentrifugieren sämtlich gegen den Boden getrieben hatte. Die Versuche ergaben eine völlige Bestätigung der Formel (60) mit darüber gelagerten normalen Schwankungen bis zu so hohen Konzentrationen, wie sie sich überhaupt bei Metallhydrosolen erzielen lassen, so daß also in solchen eine Fernwirkung zwischen den Teilchen in der Tat, wie im vorigen Abschnitt bereits auseinandergesetzt, nicht statthat.

Wie bereits erwähnt, kann man auch Schwankungsbeobachtungen unter der Einwirkung der Schwerkraft so ausführen, daß man das Einzelteilchen als Zeitgesamtheit im Sinne der statistischen Mechanik auffaßt, die der vorhin betrachteten Raumgesamtheit äquivalent ist. Entnimmt man einer solchen Beobachtung die relativen Verweilzeiten des Teilchens in verschiedenen Höhen über dem Boden, so müssen sie, da ja in diesem Falle, wo nur ein Teilchen vorhanden ist, eine störende Wirkung des Eigenvolumens und der Fernkräfte von vornherein ausgeschlossen erscheint, der folgenden, Formel (60) äquivalenten Formel genügen:

$$W(h)\,dh = \frac{c}{D}\,e^{-\frac{ch}{D}}\,dh, \tag{61}$$

worin D den Diffusionskoeffizienten, c die gleichförmige Fallgeschwindigkeit im widerstehenden Mittel bedeuten.

Messungen dieser Art sind vom Verfasser[14]) an Gummiguttkugeln in Wasser im durchfallenden Lichte angestellt worden und ergaben eine sehr gute Bestätigung der Formel (61). Man kann diese Beobachtungen auch benutzen, um aus ihnen die Größe D und damit die Loschmidtsche Zahl zu bestimmen, was auch tatsächlich durchgeführt wurde und im Einklang mit anderweitigen Messungen dieser Größe $N = 64 . 10^{22}$ ergab.

Aus der Formel folgt für die wahrscheinlichste Lage des Teilchens $h_w = 0$ und für die mittlere Lage $\bar{h} = \dfrac{D}{c}$.

Faßt man $\bar{h}$ als statistischen Mittelwert der Höhe des Teilchens auf, so kann man den Begriff der Schwankungsgröße, Schwankungsgeschwindigkeit und Wiederkehrzeit formal auch auf diese Erscheinungen übertragen, eine Analogie, die sich an dem Beobachtungsmaterial recht gut bewährt.

Wir werden im nächsten Kapitel nochmals auf die Höhenschwankungen am Einzelteilchen zurückkommen, indem wir es dort zusammen mit den Molekülen der umgebenden Substanz als schwankendes System auffassen, aus welcher Betrachtung heraus wir auf einem direkten Wege wieder zu Formel (61) zurückgelangen werden.

Literatur zum zweiten Kapitel.

[1]) M. v. Smoluchowski, Ann. d. Phys. **25**, 205 (1908).

[2]) Th. Svedberg, Zeitschr. f. phys. Chem. **75**, 547 (1910); Th. Svedberg und Inouie, Zeitschr. f. phys. Chem. **77**, 145 (1911); Th. Svedberg, Die Existenz der Moleküle. Leipzig 1912.

[3]) J. Perrin, Die Atome. Dresden und Leipzig 1914.

[4]) A. Westgren, Zeitschr. f. phys. Chem. **83**, 151 (1913).

[5]) B. Iljin, Zeitschr. f. phys. Chem. **83**, 592 (1913).

[6]) R. Lorenz und W. Eitel, Zeitschr. f. anorg. Chem. **87**, 357 (1914).

[7] B. Iljin, Zeitschr. f. phys. Chem. **87**, 366 (1914).

[8] A. Westgren, Zeitschr. f. phys. Chem. **89**, 63 (1914).

[9] J. Perrin, C. R. **158**, 1168 (1914).

[10] R. Costantin, C. R. **158**, 1171, 1341 (1914).

[11] M. v. Smoluchowski, Wien. Ber. **123** (2a), 2389 (1914); **124** (2a), 354 (1915).

[12] A. Westgren, Zeitschr. f. anorg. Chem. **93**, 231 (1915); **95**, 39 (1916). Ark. f. Mat., Astr. och Fysik **11**, Nr. 8 und 14 (1916).

[13] M. v. Smoluchowski, Phys. Zeitschr. **17**, 561 (1916); Kolloid-Zeitschr. **18**, 48 (1916).

[14] R. Fürth, Ann. d. Phys. **53**, 208 (1916).

[15] A. Westgren, Ark. f. Mat., Astr. och Fysik **13**, Nr. 14 (1918).

[16] R. Fürth, Phys. Zeitschr. **20**, 332 (1919).

Drittes Kapitel.

Schwankungserscheinungen im Gebiete der Molekülwelt (thermodynamische Statistik).

Im Gegensatz zu den Schwankungserscheinungen des vorigen Kapitels, die sich im Gebiete des Mikroskopischen in ihren Einzelheiten analysieren ließen, wollen wir in diesem Kapitel Schwankungserscheinungen studieren, die selbst im Gebiete des Mikroskopischen nicht in ihre Einzelfälle auflösbar erscheinen, die sich daher bloß auf Unregelmäßigkeiten in der Anordnung der Moleküle zurückführen lassen. Während wir dort, durch Beobachtung der Anzahl der Einzelereignisse selbst, die aus der Wahrscheinlichkeitsrechnung folgenden Formeln verifizieren konnten, ist es uns hier nur möglich, direkt gewisse, durch die Anordnung der Moleküle bedingte, makroskopische Zustandsvariablen von thermodynamischem Charakter zu beobachten, wie Dichte, Temperatur, Druck, Wärmemenge usw.

Vom phänomenologischen Standpunkte sind diese Größen für den Zustand des beobachteten Systems verantwortlich, und dieses muß nach dem zweiten Hauptsatze monoton einem Gleichgewichtszustande zustreben, dem das Maximum der Entropie zukommt. In diesem Zustande des thermodynamischen Gleichgewichtes angelangt, bleiben die Zustandsvariablen ein für allemal absolut konstant.

Nach der Molekulartheorie hingegen hängt der Zustand des Systems von den $2n$ Variablen $q_1 \ldots q_n$, $p_1 \ldots p_n$, den Koordinaten und Momenten der n molekularen Freiheitsgrade des Systems ab (wo n im allgemeinen sehr groß ist), und die thermodynamischen Größen sind als Funktionen dieser $2n$ Parameter aufzufassen, haben demgemäß eine rein statistische Bedeutung. Strebt das System einem statistischen Gleichgewicht zu, so werden auch die thermodynamischen Größen einem solchen zustreben, das also an Stelle des absoluten Gleichgewichtes des zweiten Hauptsatzes anzusetzen ist. Die einfachen Gesetzmäßigkeiten der Thermodynamik erscheinen nach dieser Auffassung als Ausdruck statistischer Massenerscheinungen. Eben infolge dieses Charakters müssen die im statistischen Gleichgewicht befindlichen Systeme Schwankungen der thermodynamischen Variablen aufweisen.

Um diese quantitativ zu verfolgen, muß man nun zunächst Ansätze haben, die die molekularen mit den thermodynamischen Parametern des Systems verknüpfen. Mit ihrer Aufstellung beschäftigt sich die statistische Mechanik, deren Resultate wir daher hier übernehmen müssen. Jedem molekularen Zustande des Systems, d. h. jeder bestimmten Wertekombination der q, p kommt eine gewisse „Zustandswahrscheinlichkeit" zu. Was wir aber beobachten, ist nicht dieser molekulare, sondern der thermodynamische Zustand des Systems. Die Formeln der statistischen Mechanik müssen uns also dazu dienen, auf Grund der Kenntnis der beobachtbaren thermodynamischen Variablen die Zustandswahrscheinlichkeit zu berechnen. Der Maximalwert dieser Größe wird dann dem thermodynamischen Gleichgewicht entsprechen; da aber auch die unwahrscheinlichen Zustände im Laufe der Zeit eintreten müssen, ergeben diese Formeln weiterhin auch die Größe der Schwankungen um die statistischen Gleichgewichtszustände.

Die Fragen können auf verschiedene Weise gelöst werden, je nachdem, welche Arten von „Gesamtheiten" der statistischen Mechanik man bei der Berechnung heranzieht. Dies wird im folgenden gezeigt werden:

A. Mikrokanonische Gesamtheit.

Nach Gibbs stellt eine mikrokanonische Gesamtheit die Zeitgesamtheit eines nach außen abgeschlossenen (also energiekonstanten) Systems dar.

Zur Verknüpfung der molekularen mit den thermodynamischen Größen benutzen wir die Boltzmannsche Entropieformel

$$S = k \cdot \log W, \tag{62}$$

wo k die Boltzmannsche Konstante $\frac{R}{N}$ bedeutet. Als Zustands-
variable wollen wir Temperatur und Dichte der einzelnen Volumelemente des Systems einführen, deren Größe dabei so zu bemessen
ist, daß man im ganzen Innern diese Parameter als konstant
ansehen kann, während gleichzeitig die Anzahl der in ihnen enthaltenen Moleküle noch sehr groß ist. Stellen wir die Entropie S
als Funktion dieser Größen dar, so erhalten wir die gesuchte
Formel für die Wahrscheinlichkeit eines durch die Angabe von
Temperatur und Dichte in jedem Raumelement definierten Zustandes [22] [23] [27] [28] [30]).

Im folgenden möge die Masse und Dichte immer in Molen
gerechnet werden. Es bezeichne T die Temperatur, ϱ die Dichte
des Volumelementes, T_0, ϱ_0 dieselben Größen im thermodynamischen
Gleichgewicht. s sei die Entropie des Mols der Substanz bei
gleichmäßiger Temperatur und Dichte T und ϱ, s_0 dieselbe Größe
für T_0 und ϱ_0. S und S_0 seien die tatsächliche Entropie des
Mols und ihr Maximalwert. Die Energie werde analog mit u, u_0,
U, U_0 bezeichnet. Schließlich führen wir noch die Abkürzungen
$\frac{T-T_0}{T_0} = \tau$, $\frac{\varrho - \varrho_0}{\varrho_0} = \sigma$ ein. Wir nehmen an, daß die Schwankungen im allgemeinen so klein sind, daß höhere als die zweiten
Potenzen von τ und σ zu vernachlässigen sind. Es sollen ferner
die Schwankungen in den einzelnen Volumelementen $d\omega$ voneinander nicht abhängen, so daß man S als Summe der Teil-
entropien der einzelnen Volumelemente berechnen darf.

Aus der Definition der Entropie

$$d s = \frac{d u + p\, dv}{T} = \frac{d u - \frac{p}{\varrho^2}\, d\varrho}{T}$$

leitet man die Beziehungen ab:

$$\left.\begin{aligned}
&\frac{\partial s}{\partial \varrho} - \frac{1}{T}\frac{\partial u}{\partial \varrho} = -\frac{p}{\varrho^2 T}, \quad \frac{\partial s}{\partial T} - \frac{1}{T}\frac{\partial u}{\partial T} = 0, \\[2mm]
&\frac{\partial^2 s}{\partial \varrho^2} - \frac{1}{T}\frac{\partial^2 u}{\partial \varrho^2} = \frac{2p}{T\varrho^3} - \frac{1}{\varrho^2 T}\frac{\partial p}{\partial \varrho}, \\[2mm]
&\frac{\partial^2 s}{\partial T^2} - \frac{1}{T}\frac{\partial^2 u}{\partial T^2} = -\frac{1}{T^2}\frac{\partial u}{\partial T}, \quad \frac{\partial^2 s}{\partial \varrho\, \partial T} - \frac{1}{T}\frac{\partial^2 u}{\partial \varrho\, \partial T} = 0.
\end{aligned}\right\} \quad (63)$$

Aus (63) folgt nach der Mac Laurin schen Formel

$$(s-s_0)-\frac{1}{T_0}(u-u_0)=-\frac{p}{\varrho_0 T_0}\sigma+\frac{p}{\varrho_0 T_0}\sigma^2-\frac{1}{2\,T_0}\frac{\partial p}{\partial \varrho}\sigma^2-\frac{1}{2}\frac{\partial u}{\partial T}\tau^2.$$

Infolge der Nebenbedingungen, daß die gesamte Masse und Energie konstant bleiben sollen

$$\int \varrho\,(u-u_0)\,d\omega=0,\qquad \int \sigma\,d\omega=0,$$

folgt für die Entropie eines Teilvolumens Δv des gesamten Systems

$$\left.\begin{aligned}
S-S_0 &= \int \varrho_0\,(1+\sigma)\,(s-s_0)\,d\omega\\
&= -\frac{\varrho_0}{2}\left[\frac{1}{T_0}\frac{\partial p}{\partial \varrho}\overline{\sigma^2}+c_v\overline{\tau^2}\right].\Delta v,
\end{aligned}\right\}\tag{64}$$

wobei c_v die spezifische Wärme bei konstantem Volumen, die Querstriche räumliche Mittelwerte bedeuten. Diese räumlichen Mittelwerte allein sind es offenbar, die bei genügend kleinem Δv der Beobachtung zugänglich sind. Sie selbst sind aber wieder zeitlich nicht konstant, sondern eben unseren Schwankungen unterworfen, deren Betrag wir ja berechnen wollen. Wir erledigen gleich die allgemeine Aufgabe, die Schwankungsgröße eines makroskopischen physikalischen Parameters zu bestimmen, der sich als Funktion von ϱ und T allein ausdrücken läßt. Dieser werde mit $\alpha\,(\varrho, T)$ bezeichnet.

1. Lassen wir zunächst die Temperatur konstant, dann ergibt sich für die Schwankungsgröße

$$\overline{\left(\frac{\alpha-\alpha_0}{\alpha_0}\right)^2}=\overline{\varepsilon^2}=\left(\frac{\varrho_0}{\alpha_0}\right)^2\left(\frac{\partial \alpha}{\partial \varrho}\right)_0^2\overline{\sigma^2};$$

aus (62) und (64) folgt, wenn wir $\sqrt{\overline{\delta^2}}=\delta$ setzen,

$$W(\delta)\,d\delta=const.\,e^{-\frac{\varrho_0}{2\,k}\left(\frac{1}{T_0}\frac{\partial p}{\partial \varrho}\delta^2\right)\Delta v}\,d\delta,$$

wo die Konstante aus der Bedingung folgt:

$$\int\limits_0^\infty W(\delta)\,d\delta=1,$$

und für den allein beobachtbaren zeitlichen oder virtuellen Mittelwert von ε^2

$$\overline{\varepsilon^2}=\int\limits_0^\infty \varepsilon^2(\delta)\,W(\delta)\,d\delta=\frac{k\,T_0\,\varrho_0}{\alpha_0^2\,\dfrac{\partial p}{\partial \varrho}\,\Delta v}\left(\frac{\partial \alpha}{\partial \varrho}\right)^2.\tag{65}$$

2. Setzen wir umgekehrt die Dichte konstant, so ist

$$\varepsilon^2 = \left(\frac{T_0}{\alpha_0}\right)^2 \left(\frac{\partial \alpha}{\partial T}\right)_0^2 \overline{\tau^2},$$

und ähnlich wie früher ergibt sich

$$\overline{\varepsilon^2} = \frac{k\, T_0^2}{\alpha_0^2 . c_v} \left(\frac{\partial \alpha}{\partial T}\right)^2 \cdot \frac{1}{\varrho_0\, \varDelta v} . \tag{66}$$

Das gesamte mittlere Schwankungsquadrat der Größe α wird daher nach den Regeln der Wahrscheinlichkeitsrechnung gleich der Summe der beiden Ausdrücke (65) und (66), also [22])

$$\overline{\delta_\alpha^2} = \frac{k\, T_0}{\varrho_0\, \alpha_0^2\, \varDelta v} \left\{ \frac{\varrho_0^2}{\dfrac{\partial p}{\partial \varrho}} \left(\frac{\partial \alpha}{\partial \varrho}\right)^2 + \frac{T_0}{c_v} \left(\frac{\partial \alpha}{\partial T}\right)^2 \right\} \tag{67}$$

bezogen auf ein kleines Teilvolumen $\varDelta v$ unseres Systems.

Spezialfälle.

Aus (67) lassen sich verschiedene interessante Spezialfälle ableiten, indem man für α geeignete Größen einsetzt.

a) Dichteschwankungen[4]):

$$\alpha = \varrho, \qquad \frac{\partial \alpha}{\partial \varrho} = 1, \qquad \frac{\partial \alpha}{\partial T} = 0,$$

$$\overline{\delta_\varrho^2} = \frac{k\, T_0}{\varrho_0\, \dfrac{\partial p}{\partial \varrho}\, \varDelta v} = - \frac{k\, T_0}{v_0\, \dfrac{\partial p}{\partial v}\, \varDelta v} \qquad (v\text{: Molvolumen}). \tag{68}$$

Ist die Substanz ein ideales Gas, dann wird $\left(\dfrac{\partial p}{\partial v}\right)_0 = - \dfrac{1}{v_0^2} R\, T_0$,

daher $\overline{\delta_\varrho^2} = \dfrac{v_0}{N \varDelta v} = \dfrac{1}{\nu}$, wo ν die Anzahl der auf das Volumen $\varDelta v$ im Mittel entfallenden Moleküle bedeutet, die mit Formel (10) im ersten Kapitel übereinstimmt, da eben bei einem idealen Gas die einzelnen Moleküle gegenseitig keine Anziehungskräfte ausüben, daher als voneinander unabhängig anzusehen sind.

Bezeichnet man allgemein die Kompressibilität der Substanz $-\dfrac{\partial v}{\partial p} = \beta$ und die „Boylesche" Kompressibilität $\dfrac{v_0^2}{R\, T_0} = \beta_0$, so kann man (24) schreiben

$$\overline{\delta_\varrho^2} = \frac{1}{\nu}\, \frac{\beta}{\beta_0} . \tag{69}$$

Diese Formel kann auch auf die Bewegung von Kolloidteilchen angewendet werden, wenn das Kolloid bereits so konzentriert ist, daß weder das Eigenvolumen der Teilchen, noch die Fernkräfte zwischen den Teilchen zu vernachlässigen sind. Dies muß sich, wie bereits auf S. 48 auseinandergesetzt wurde, darin äußern, daß die Höhenverteilung der Teilchen von der aerostatischen abweicht bzw. daß das van 't Hoffsche, dem Boyleschen äquivalente Gesetz, nicht mehr gültig ist. Solche Abweichungen vom Boyleschen Gesetz müssen sich messen lassen durch Bestimmung von $\overline{\delta^2}$ in verschiedenen Niveaus. Costantin hat zu diesem Zweck Untersuchungen an Gummiguttsuspensionen hoher Konzentration angestellt und so β als Funktion der Dichte ermittelt, woraus man auf die veränderte Zustandsgleichung schließen kann. Es wird nach einem Vorschlage von Perrin die van der Waalssche Zustandsgleichung zugrunde gelegt und ihre Konstanten so bestimmt, daß sie den Versuchen Genüge leisten.

Es zeigt sich, daß die Teilchen eine Wirkungssphäre besitzen, die das 1,7fache ihres Radius beträgt, und daß sie aufeinander gewisse Abstoßungskräfte ausüben, Tatsachen, die sich aus der Gouyschen Theorie der Oberflächenladung von Elektrolyten erklären lassen.

b) Temperaturschwankungen[16]:

$$\alpha = T, \qquad \frac{\partial \alpha}{\partial T} = 1, \qquad \frac{\partial \alpha}{\partial \varrho} = 0,$$

$$\overline{\delta_\tau^2} = \frac{k}{\varrho_0 \, c_v \, \Delta v} = \frac{k}{C}, \tag{70}$$

wo C die Wärmekapazität des Volumens Δv bezeichnet. Eine Verallgemeinerung dieser Formel für den Fall zweier im statistischen Gleichgewicht befindlicher Körper mit den Kapazitäten C_1 und C_2 würde für die gegenseitige mittlere Temperaturschwankung ergeben[12]

$$\overline{\delta_\tau^2} = \frac{k}{c}, \tag{71}$$

wo

$$c = \frac{C_1 \, C_2}{C_1 + C_2},$$

aus welcher (25) unter der Bedingung $C_2 \gg C_1 = C$ hervorgeht.

c) Energieschwankungen[27]):

$$\alpha = e = E\varrho_0 \Delta v, \qquad \frac{\partial E}{\partial T} = c_v, \qquad \frac{\partial E}{\partial v} = T_0 \frac{\partial p}{\partial T} - p$$

nach bekannten Sätzen der Thermodynamik (E: Energie der Masseneinheit). Daher

$$\overline{\delta_e^2} = \frac{kT_0 v_0}{\Delta v \cdot E_0^2} \left\{ -\frac{\left(T_0 \frac{\partial p}{\partial T} - p\right)^2}{\frac{\partial p}{\partial v}} + c_v \cdot T_0 \right\} \tag{72}$$

Für den Fall inkompressibler Materie ist $\beta = 0$ [1]) [9]) [15]) [17]) und

$$\overline{\delta_e^2} = \frac{k c_v T_0^2 v_0}{E_0^2 \Delta v}. \tag{73}$$

Die Formel führt durch Einführung bestimmter Hypothesen über die Verteilung der Energie über die Freiheitsgrade zu folgenden Spezialfällen, unter der Annahme, daß der Körper ein fester ist.

1. Gleichverteilungssatz: Auf jeden Freiheitsgrad entfällt im Mittel die Energie $\frac{1}{2}kT_0$, daher $E_0 = 3NkT_0$, $c_v = 3R$. Die Anzahl der Freiheitsgrade ist $Z_f = 3v$, daher

$$\overline{\delta_e^2} = \frac{1}{Z_f}. \tag{74}$$

2. Quantenhypothese: Auf einen Freiheitsgrad der Schwingungsfrequenz ω entfällt im Mittel die Energie $\dfrac{h\omega}{e^{\frac{h\omega}{kT}} - 1}$, daher

$$E_0 = 3N \frac{h\omega}{e^{\frac{h\omega}{kT_0}} - 1}, \text{ und die spezifische Wärme}$$

$$c_v = \frac{3R \left(\frac{h\omega}{kT_0}\right)^2 e^{\frac{h\omega}{kT_0}}}{\left(e^{\frac{h\omega}{kT_0}} - 1\right)^2};$$

dies in (73) eingesetzt, ergibt

$$\overline{\delta_e^2} = \frac{e^{\frac{h\omega}{kT_0}} v_0}{3N \cdot \Delta v} = \frac{1}{3v} + \frac{h\omega}{e} = \frac{1}{Z_f} + \frac{1}{Z_q}, \tag{75}$$

welche Schwankung man sich aufgefaßt denken kann als Überlagerung der Schwankungen 1 und derjenigen, die sich nach Formel (10) ergeben müssen, wenn die Energie in unteilbare Elemente der Größe $h\omega$ geteilt ist.

d) Druckschwankungen [30]:

$$\alpha = p, \qquad c_p = c_v - T_0 \left(\frac{\partial p}{\partial T}\right)^2 \cdot \left(\frac{\partial p}{\partial v}\right),$$

daher nach (67)

$$\overline{\delta_p^2} = \frac{k\,T_0\,v_0}{p_0^2\,\varDelta v}\left\{-\frac{\partial p}{\partial v} + \frac{T_0}{c_v}\left(\frac{\partial p}{\partial T}\right)^2\right\} = -\frac{k\,T_0\,v_0}{p_0^2\,\varDelta v}\cdot\frac{c_p}{c_v}\cdot\frac{\partial p}{\partial v}.$$

Bezeichnet man das Verhältnis der spezifischen Wärmen bei konstantem Druck und konstantem Volumen wie üblich mit $\varkappa = \dfrac{c_p}{c_v}$, so erhält man

$$\overline{\delta_p^2} = \frac{k\,T_0\,v_0}{p_0^2\,\varDelta v}\cdot\frac{\varkappa}{\beta}, \tag{76}$$

speziell für ein ideales Gas wird

$$\overline{\delta_p^2} = \frac{\varkappa}{\nu}. \tag{77}$$

Die Schwankungen unter b), c) und d) sind bis jetzt experimentell nicht nachgewiesen worden.

e) Schwankungen des Brechungsquotienten [4] [5] [7] [8] [10] [11] [19] [30]:

$$\alpha = n, \qquad \frac{\partial\alpha}{\partial T} = 0.$$

Nach dem bekannten Lorentz-Lorenzschen Gesetz der Optik ist $\dfrac{n^2 - 1}{n^2 + 2} = a\varrho$, wo a eine Materialkonstante ist. Daher

$$n = \sqrt{\frac{1 + 2\,a\varrho}{1 - a\varrho}}, \quad \frac{\partial n}{\partial\varrho} = \frac{(n^2 - 1)(n^2 + 2)}{6\,n\varrho},$$

$$\overline{\delta_n^2} = -\frac{k\,T_0\,(n_0^2 - 1)^2\,(n_0^2 + 2)^2}{36\,n_0^4\,v_0\cdot\dfrac{\partial p}{\partial v}\cdot\varDelta v}. \tag{78}$$

Faßt man wieder die Raumgesamtheit der Volumina $\varDelta v$, die das abgeschlossene System bilden, als Abbild der Zeitgesamtheit des einzelnen $\varDelta v$ auf, so ergibt (78) als Folge eine optische Diskontinuität von Volumelement zu Volumelement, die nach dem Rayleighschen Gesetz zu einer Opaleszenzstrahlung Anlaß geben muß, wenn die betrachtete Substanz von einem parallelen Strahlenbündel getroffen wird.

Das sogenannte Tyndallphänomen besteht bekanntlich darin, daß eine optisch inhomogene Substanz, etwa eine Flüssigkeit oder ein Gas, in dem kleine Partikel mit anderem Brechungsexponenten als die Umgebung eingebettet sind, durch Beugung an der Grenze dieser Inhomogenitäten einen Teil eines auffallenden Lichtstrahles seitlich zerstreut, eine sogenannte Opaleszenz hervorruft, und weiterhin, da der primäre Lichtstrahl durch das Fehlen des Opaleszenzlichtes geschwächt erscheint, eine scheinbare Absorption aufweist.

Rayleigh hat eine Theorie dieser Erscheinung für den Fall gegeben, daß die Dimensionen der Inomogenitäten klein sind gegenüber der Wellenlänge des einfallenden Lichtes, und findet so für die relative Intensität des pro Einheit des Gesichtswinkels von $1\,\mathrm{cm}^3$ der Substanz senkrecht zum einfallenden Strahl zerstreuten Opaleszenzlichtes die Formel

$$ s = \frac{2\,\pi^2 n_0^2\,\varDelta v}{\lambda^4}\,(n - n_0)^2, \tag{79} $$

in der n_0 den mittleren Brechungsexponenten der Substanz, λ die Vakuumwellenlänge des einfallenden Lichtstrahles bezeichnet. Man sieht daraus zunächst, daß diese Intensität gegen das blaue Ende des Spektrums stark ansteigen, das Opaleszenzlicht also blau sein wird.

Für den Koeffizienten der scheinbaren Absorption ergibt sich ferner durch Integration über alle Richtungen

$$ h = \frac{16\,\pi}{3} \cdot s. \tag{80} $$

Im durchfallenden Licht erscheint daher die Substanz rötlich gefärbt.

Eine solche Opaleszenz ist also auch hier, hervorgerufen durch die Schwankungen des Brechungsquotienten, zu erwarten und ihre Größe erhalten wir durch Einsetzen von (78) in das Rayleighsche Gesetz

$$ s = \frac{\pi^2}{18\,N\,\lambda^4}\,(n_0^2 - 1)^2\,(n_0^2 + 2)^2\,\frac{R\,T_0}{-\,v_0\,\dfrac{\partial p}{\partial v}}. \tag{81} $$

Ist die Substanz ein ideales Gas mit $n_0 \sim 1$, so verwandelt sich (81) in

$$ s = \frac{\pi^2}{2\,N\,\lambda^4}\,(n_0^2 - 1)^2 \cdot v_0 \tag{82} $$

bzw.

$$ h = \frac{32\,\pi^3}{3\,N\,\lambda^4}\,(n_0 - 1)^2 \cdot v_0. \tag{83} $$

Formel (81) zeigt, daß die Opaleszenzstrahlung offenbar um so stärker sein wird, je größer die Kompressibilität der Substanz ist. Besonders günstige Umstände wird man daher in der Umgebung des kritischen Punktes eines Gases antreffen, bei dessen Annäherung die Kompressibilität sehr stark ansteigen muß. Im kritischen Punkte selbst ist $\dfrac{\partial p}{\partial v} = 0$.

Tatsächlich zeigen Gase im kritischen Zustande eine blaue Opaleszenz, deren spektralphotometrische Messung eine quantitative Prüfung der Formel (81) liefern kann.

Keesom und Kamerlingh Onnes [3] [7] untersuchten mit einer lichtstarken spektralphotometrischen Anordnung die Intensität des Opaleszenzlichtes von Äthylen in der Nähe des kritischen Punktes in Abhängigkeit von der Temperatur und der Wellenlänge und fanden in der Tat in nicht allzu großer Nähe des kritischen Punktes Formel (29a) gut bestätigt. Die Abhängigkeit von der Temperatur erhält man durch Entwickelung der Größe $\dfrac{\partial p}{\partial v}$ in eine Potenzreihe für die Umgebung ihrer Nullstelle

$$\frac{\partial p}{\partial v} = const\,(t - t_0) \qquad (t_0: \text{kritische Temperatur}). \qquad (84)$$

Eine Absolutmessung von s wurde durchgeführt, indem die opaleszierende Substanz durch einen Silberspiegel ersetzt wurde, welcher das direkt einfallende Licht in das Photometer leitete. Da überdies der Brechungsquotient des Äthylens und seine kritische Isotherme bekannt waren, ließ sich aus (81) die einzige unbekannte Größe N bestimmen, die in Anbetracht der recht rohen Messungen in bemerkenswerter Übereinstimmung mit anderweitigen Bestimmungen $N = 75 . 10^{22}$ ergab.

In unmittelbarer Umgebung des kritischen Punktes stimmt die Abhängigkeit von der Wellenlänge nicht mehr, da ein Teil des Opaleszenzlichtes in der Substanz selbst absorbiert wird, wobei sich die Blaufärbung kompensiert: die Farbe wird immer weißlicher. Im übrigen sind die Betrachtungen, die zu der Formel führten, auch aus folgenden Gründen in diesem Gebiet hinfällig. Erstens, weil die Voraussetzungen kleiner Schwankungen gemacht wurden, zweitens, weil wegen der sich im kritischen Punkt bemerkbar machenden starken Anziehungskräfte die Schwankungen der einzelnen Volumelemente nicht mehr voneinander unabhängig sind, und drittens, weil die Rayleighsche Formel eben nur so lange angewendet werden darf, als die schwankenden Volumelemente klein sind gegenüber der Wellenlänge. Wir kommen auf die Beseitigung dieser Schwierigkeiten im nächsten Abschnitt noch zurück.

Nach Formel (82) muß aber auch bei idealen Gasen eine Opaleszenz, wenn auch sehr schwach, auftreten. Smoluchowski hat in seiner letzten Experimentaluntersuchung[25]) das Vorhandensein dieser Strahlung unzweifelhaft nachgewiesen, indem er staubfrei gemachte Luft in einem mit absorbierenden Wänden versehenen Gefäß durch eine starke Lichtquelle seitlich beleuchtete. Es zeigte sich ein schwach bläulicher Schimmer, der durch ein Nicolsches Prisma völlig ausgelöscht werden konnte. Das Licht war also linear polarisiert, was mit Rayleighs Theorie völlig übereinstimmt.

Im großen zeigt sich die Wirkung dieser Opaleszenz in der blauen Farbe des diffusen Himmelslichtes bzw. der rötlichen Farbe von Sonne und Mond in der Nähe des Horizontes. Ist diese Ansicht richtig, dann muß sich die Intensiät des blauen Himmelslichtes im Vergleich zum direkten Sonnenlicht durch Formel (82) darstellen lassen. Messungen dieser Art müssen, um den störenden Einfluß des Wasserdampf- und Staubgehaltes der Atmosphäre zu eliminieren, auf hohen Bergen angestellt werden. Sella erhält auf dem Monte Rosa Werte für $N.10^{-22}$ zwischen 30 und 150, Bauer und Moulin auf dem Mont Blanc Werte zwischen 45 und 75[10]).

Exakter und einfacher ist die Benutzung von Formel (83) durch Messung des Extinktionskoeffizienten des Sonnenlichtes durch Intensitätsmessungen für verschiedene Azimute. Solche Messungen wurden vermittelst eines lichtelektrischen Spektralphotometers auf dem Pic von Teneriffa von Dember[18]) unter günstigen Witterungsbedingungen angestellt und ergaben einerseits eine sehr gute Übereinstimmung bezüglich der Abhängigkeit von der Wellenlänge, andererseits für die daraus berechenbare Loschmidtsche Zahl den vorzüglichen Wert $N = 64.10^{22}$.

f) Konzentrationsschwankungen von Gemischen.

Hat man statt einer einheitlichen Substanz ein „binäres Gemisch" zweier Flüssigkeiten, so kann man die Überlegung genau so wie im vorigen Abschnitt führen, indem man berücksichtigt, daß die Schwankungsgröße $\overline{\delta_a^2}$ sich aus den Dichteschwankungen der beiden Komponenten additiv zusammensetzt.

$$\overline{\delta_n^2} = \frac{k\,T_0}{n_0^2\,\varDelta v}\left\{\frac{\varrho_0}{\dfrac{\partial p}{\partial \varrho}}\left(\frac{\partial n}{\partial \varrho}\right)^2 + \frac{\varrho_0'}{\dfrac{\partial p}{\partial \varrho'}}\left(\frac{\partial n}{\partial \varrho'}\right)^2\right\} \tag{85}$$

Führt man statt der Dichte ϱ' der einen Komponente die Molkonzentration $x = \dfrac{\varrho}{\varrho + \varrho'}$ als unabhängige Veränderliche ein, so erhält man (worin nun unter p der Dampfdruck der Mischung als Funktion der Konzentration zu verstehen ist)

$$\overline{\delta_n^2} = \frac{k\,T_0}{n_0^2\,\varDelta v}\left\{\frac{\varrho_0}{\dfrac{\partial p}{\partial \varrho}}\left(\frac{\partial n}{\partial \varrho}\right)^2 + \frac{\varrho_0\,x\,.\,(1-x)}{\dfrac{\partial p}{\partial \varrho}}\left(\frac{\partial n}{\partial x}\right)^2\right\}$$

Beschränkt man sich auf die Umgebung einer Nullstelle der Funktion $\dfrac{\partial p}{\partial x}$, so kann man den ersten Term gegen den zweiten vernachlässigen und erhält daher für die Opaleszenzstrahlung, wenn man berücksichtigt, daß der Dampf der Mischung in großer Entfernung vom kritischen Punkt als ideales Gas aufgefaßt werden kann,

$$s = \frac{2\,\pi^2 v\,(1-x)\,n^2\left(\dfrac{\partial n}{\partial x}\right)^2}{N\,\lambda^4\,\dfrac{1}{p}\cdot\dfrac{\partial p}{\partial x}}, \tag{86}$$

worin v das Molekularvolumen der ersten Komponente im Dampfzustand bedeutet. Die scheinbare Absorption erhält man daraus durch Multiplikation mit $\dfrac{16\,\pi}{3}$. Die Formel ist in etwas anderer Gestalt zuerst von Einstein[6]) direkt aus der elektromagnetischen Lichttheorie unter Verwendung des Boltzmannschen Prinzips, später von Zernike[19]) mittels der Gibbsschen statistischen Mechanik abgeleitet worden. Die obige Herleitung dürfte im Prinzip die einfachste sein.

Es gibt nun in der Tat bei binären Gemischen einen Punkt, den kritischen Mischungspunkt, oberhalb dessen die Flüssigkeiten völlig, unterhalb dessen jedoch nur teilweise ineinander löslich sind, für den die Größe $\dfrac{\partial p}{\partial x} = 0$ ist. In diesem Punkte also, der sich in vieler Beziehung analog dem kritischen Punkte eines Gases verhält, werden laut unserer Formel (86) besonders große Schwankungen und eine starke Opaleszenzstrahlung zu erwarten sein. Eine solche kritische Opaleszenz war auch bei binären Gemischen schon lange bekannt, ihre Deutung auf Grund der Schwankungstheorie jedoch wurde zuerst von Smoluchowski vorgeschlagen, und eine Entscheidung über ihre Zulässigkeit läßt sich fällen durch eine experimentelle Verifikation der Formel (86).

Verfasser hat an Mischungen von Phenol und Wasser vermittelst eines Spektralphotometers [20]), ähnlich wie es Kamerlingh Onnes und Keesom getan haben, die Intensität des blauen Opaleszenzlichtes als Funktion der Wellenlänge, der Temperatur, der Konzentration und der Polarisation des einfallenden Lichtes gemessen und in nicht zu großer Nähe des kritischen Punktes in guter Übereinstimmung mit (86) gefunden. Eine ziemlich rohe Absolutmessung dieser Intensität ergab für die Loschmidtsche Zahl den ungefähren Wert 77.10^{22}. Die Funktion $\dfrac{\partial n}{\partial x}$ wurde dabei aus einer Mischungsformel, die Funktion $\dfrac{\partial p}{\partial x}$ aus Dampfdruckmessungen Schreinemakers entnommen.

Sehr genaue und sorgfältige Messungen sind von Zernike [19]) an Gemischen von Nitrobenzol-Diisobutyl und Methylenjodür-Pentamethylen angestellt worden. Die Beleuchtung erfolgte mit den einzelnen Linien einer Quecksilberdampflampe, die Photometrierung durch ein Vergleichsphotometer mit zwei Gesichtsfeldhälften, deren eine durch einen absorbierenden Keil meßbar geschwächt werden konnte. Die Temperatur konnte sehr exakt konstant gehalten und gemessen werden. Es wurden sowohl Messungen der Opaleszenz als auch der Absorption vorgenommen, die sich mit der Theorie in gutem Einklang ergaben. Nach letzterer Methode wurden auch Absolutmessungen angestellt; da überdies auf refraktometrischem Wege die Abhängigkeit des Brechungsquotienten und vermittelst einer sehr genauen Differentialmethode der Dampfdruck als Funktion der Konzentration ermittelt worden waren, war es möglich, aus diesen Daten eine Neubestimmung der Loschmidtschen Zahl durchzuführen, für die sich Werte zwischen 62 und 65.10^{22}, also in vollem Einklang mit den anderweitigen Bestimmungen, ergaben.

Da auch die Luft keine einheitliche Substanz, sondern ein Gasgemisch ist, wird die blaue Farbe des Himmels in Wirklichkeit nicht nur durch die Dichteschwankungen, sondern auch durch die Konzentrationsschwankungen hervorgerufen, doch zeigt eine einfache Rechnung, daß die letzteren in diesem Falle gegen die ersteren zu vernachlässigen sind [22]).

B. Kanonische Gesamtheit.

Auf die Schwankungsformeln des vorigen Abschnittes kann man auch auf eine andere Art kommen, durch Einführung einer anderen Gesamtheit der statistischen Mechanik, der Gibbsschen kanonischen Gesamtheit.

Es sei das betrachtete Volumelement $\varDelta v$ ein Teil einer sehr ausgedehnten Substanz derart, daß es gegen die letztere als klein angesehen werden kann. Infolge der vorausgesetzten Stationarität ist dann die Wahrscheinlichkeit eines bestimmten infinitesimalen Zustandsgebietes von $\varDelta v$ eine Funktion der Energie allein, und zwar nach einem Satze von Boltzmann

$$W(q_1 \ldots p_n)\, d\,q_1 \ldots d\,p_n = A\, e^{-\frac{N}{RT}E}\, d\,q_1 \ldots d\,p_n, \qquad (87)$$

worin sich die Konstante A aus der Bedingung bestimmt, daß die Gesamtheit aller möglichen Zustände die Wahrscheinlichkeit 1 haben muß. Aus diesem Satze lassen sich alle Schwankungsformeln herleiten, wenn die Makroparameter, um deren Schwankung es sich handelt, als Funktionen der Mikroparameter gegeben sind.

Beschränkt man sich auf „Konfigurationsschwankungen" allein, so kann man den Satz in eine bequemere Form bringen. Da die q beliebige Koordinaten sind, die bloß die Forderung erfüllen müssen, daß sie den Zustand des Systems eindeutig bestimmen, so führt man als eine Koordinate ε die Größe ein, deren Schwankung man bestimmen will, und integriert (87) nach allen übrigen Koordinaten und Momenten. Man erhält dann das Boltzmannsche $e^{-h\chi}$-Theorem in der Einsteinschen Fassung

$$W(\varepsilon)\, d\varepsilon = A \cdot e^{-\frac{N}{RT}\chi(\varepsilon)}\, d\varepsilon, \qquad (88)$$

wo $\chi(\varepsilon)$ die Arbeit bedeutet, die man leisten muß, um das System aus dem Normalzustande in den gesuchten zu bringen.

Wir benutzen das $e^{-h\chi}$-Theorem hier zunächst zur Erledigung zweier Probleme der Brownschen Bewegung eines Einzelteilchens, indem wir dieses samt den Molekülen des umgebenden Mittels als kanonische Gesamtheit im oben definierten Sinne ansehen.

Wir behandeln zunächst die Brownsche Bewegung eines Teilchens in der Nähe eines vollkommen reflektierenden Bodens [16a]), ein Problem, das uns bereits im vorigen Kapitel begegnet ist. Nach der üblichen thermodynamischen Auffassung müßte ein solches Teilchen, nachdem es einmal auf dem Boden angelangt ist, ständig dort liegen bleiben, während die Beobachtung lehrt, daß das Teilchen niemals zu Ruhe kommt, sondern immer wieder „von selbst" vom Boden aufsteigt. Nebenstehende Fig 4, die den bereits erwähnten Beobachtungen des Verfassers [26a]) entstammt, zeigt die jeweils beobachtete Höhe h als Funktion der Zeit. Wie man sieht, ist das Verhalten ein stationäres und man kann aus der Figur die Wahrscheinlichkeit jeder Höhenlage, das ist ihre relative Verweilzeit, sofort entnehmen.

Aus Formel (88) folgt für diese Wahrscheinlichkeit, da $\chi(h) = mgh$ ist,

$$W(h)\,dh = A \cdot e^{-\frac{N}{RT}mg \cdot h}\,dh, \qquad (89)$$

was in der Tat mit Formel (61) identisch ist, da folgende Relationen gelten:

$$c = mgB, \qquad D = R/N \cdot T \cdot B.$$

Da sich die Größe $\bar{x} = D/c$ aus den Beobachtungen entnehmen läßt, kann man die experimentellen und theoretischen Höhenwahrscheinlichkeiten direkt vergleichen, was in folgender Tabelle XXII mit gutem Erfolge durchgeführt erscheint.

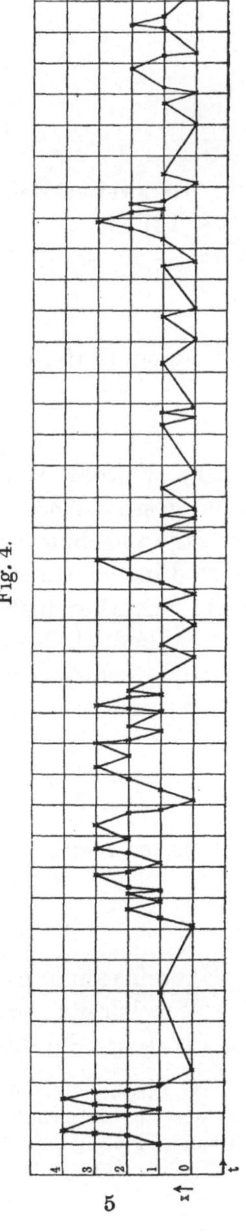

Tabelle XXII).**

Intervall	W (beob.)	W (ber.)
$0-1$	0,656	0,656
$1-2$	0,196	0,226
$2-3$	0,124	0,078
$3-4$	0,024	0,023
$4-5$	0,000	0,008

Als zweites Beispiel behandeln wir die Brownsche Bewegung eines Teilchens, das unter der Wirkung einer elastischen Kraft $K = -ax$ steht [13]. In diesem Falle liefert (88)

$$W(x)\,dx = A e^{-\frac{N}{RT}\frac{ax^2}{2}}\,dx \tag{90}$$

oder nach Einführung des Wertes für D

$$W(x)\,dx = \sqrt{\frac{aB}{2\pi D}} \cdot e^{-\frac{aB}{2D}x^2}\,dx, \tag{91}$$

welche Formel von Smoluchowski [13] angegeben worden ist, nach dessen Ansicht sich auch dieser Fall durch Beobachtung der Brownschen Torsionsschwingungen eines kleinen, an einem sehr dünnen Quarzfaden angehängten Spiegelchens realisieren ließe, was aber bisher noch nicht durchgeführt worden ist*).

Schließlich behandeln wir nach diesem Prinzip hier nochmals die Dichteschwankungen in einem homogenen Gase [4]. Wir setzen $\varepsilon = \delta_\varrho$ und erhalten bis auf Glieder höherer Ordnung

$$\frac{\chi(\delta)}{\varrho_0\,\varDelta v} = -\int_{v_0}^{v}(p-p_0)\,dv = -\frac{v_0^2}{2}\frac{\partial p}{\partial v}\delta_v^2 + \cdots = -\frac{v_0^2}{2}\frac{\partial p}{\partial v}\delta_\varrho^2 \tag{92}$$

und daher nach (88)

$$\overline{\delta_\varrho^2} = -\frac{kT_0}{v_0\dfrac{\partial p}{\partial v}\cdot\varDelta v}$$

in Übereinstimmung mit (68).

Wie bereits auf S. 60 auseinandergesetzt, sind in der Nähe des kritischen Punktes die Schwankungen in den einzelnen Volum-

---

*) Dieselbe Formel spielt auch eine Rolle bei der Ionisationsmethode zur Messung der radioaktiven Schwankungen und ist hier durch eine statistische Untersuchung experimentell verifiziert worden. Siehe S. 83.

**) Ein Intervall der Höhe gleich $1{,}135 \cdot 10^{-4}$ cm.

elementen nicht mehr voneinander unabhängig, so daß man etwa zur Berechnung der kritischen Opaleszenz aus diesem und den anderen dort angeführten Gründen eine Betrachtung anstellen muß, die eine solche „Neigung zur Schwarmbildung" der Moleküle in Evidenz setzt. Ornstein und Zernike [14) 24) 24a) 29)] haben unter Benutzung der Gibbsschen kanonischen Gesamtheiten vermittelst Einführung geeigneter Abhängigkeitsfunktionen diese Berechnung durchgeführt und fanden, daß sich dadurch die Formel für die Intensität des Opaleszenzlichtes insofern modifiziert, als im Nenner statt $\dfrac{\partial p}{\partial v}$ der Ausdruck

$$\frac{\partial p}{\partial v} - 4\,\pi^2\,\frac{R\,T}{v^2}\,\frac{\varepsilon^2}{n^2\lambda^2} \tag{93}$$

einzusetzen ist, worin ε ein Maß für die molekulare Wirkungssphäre ist. Aus der Formel ersieht man, daß nunmehr die Intensität s nicht mehr der Temperaturdifferenz zwischen der Beobachtungs- und der kritischen Temperatur umgekehrt proportional ist, sondern einer etwas tieferen Temperatur T_k als der kritischen, aus deren Bestimmung sich ein Schluß auf die Größe ε ziehen lassen müßte.

In der Tat hat Zernike bei seinen Beobachtungen der Opaleszenz binärer Gemische [19)] eine Abweichung in diesem Sinne angetroffen, indem sich T_k als um $0{,}012^0$ unter der kritischen Temperatur liegend extrapolieren ließ. Man kann daraus, kugelformige Wirkungssphären zugrunde gelegt, auf eine solche von $2{,}7 \cdot 10^{-7}$ cm Radius schließen.

Im kritischen Punkte selbst wird nicht, wie man nach (29a) erwarten sollte, s unendlich groß, was ja schon aus energetischen Gründen unmöglich ist; unsere verbesserte Formel ergibt hier

$$s = \frac{n_0^2\,(n_0^2 - 1)^2\,(n_0^2 + 2)^2\,v_0}{72\,\varepsilon^2\,N\,\lambda^2}, \tag{94}$$

also einen endlichen Wert und überdies Proportionalität mit λ^{-2}, also Ungültigkeit des Rayleighschen Gesetzes, was ja von vornherein zu erwarten war.

C. Überschreitungserscheinungen.

Mit den hier behandelten Schwankungserscheinungen im kritischen Punkte hängen auch eng die sogenannten Überschreitungserscheinungen zusammen. Bewegt man sich nicht gerade auf der kritischen Isotherme eines Gases, sondern auf einer tiefergelegenen, so zeigt diese bekanntlich ein Gebiet, in dem zu jedem p drei Werte von v gehören. Die beiden äußeren gehören dabei dem gasförmigen bzw. dem flüssigen Zustande an, der mittlere kann nicht beobachtet werden. Nach der statistischen Auffassung bilden die Punkte der Isotherme nicht die einzig möglichen Zustände des Gases, sondern bloß die Zustände extremer Wahrscheinlichkeit [4]), und zwar im allgemeinen maximaler, mit Ausnahme des oben erwähnten Mittelstückes, wo die Wahrscheinlichkeit ein Minimum ist. Im Zustande des Siedens geht der Übergang vom flüssigen zum gasförmigen Zustand auf einer Geraden $p = const$ vor sich, die sich im allgemeinen aus der Bedingung ergibt, daß für das betreffende p die Wahrscheinlichkeit des flüssigen und des gasförmigen Zustandes gleich groß ist [4]). Da hierbei jedoch ein Zustand kleinster Wahrscheinlichkeit passiert werden muß, ist es klar, daß diese Regel nur eine rein statistische sein kann und Abweichungen im Sinne einer Überschreitung des Siede- oder Kondensationspunktes auftreten müssen. Der normale Siedepunkt wird daher zwar der wahrscheinlichste sein, jedoch wird auch jede Überschreitung eine bestimmte, wenn Verunreinigungen ferngehalten werden, von der Zeit unabhängige Wahrscheinlichkeit besitzen. Ähnliches gilt für den Schmelzpunkt (Erstarrungspunkt) homogener Substanzen, für den Mischungspunkt binärer Gemische, das Auskristallisieren gesättigter Lösungen usw.

Eine exakte theoretische Behandlung dieser Fragen auf Grund der kinetischen Theorie der Materie steht noch aus. Experimentelle Untersuchungen haben jedoch bereits gezeigt, daß wirklich die Überschreitungserscheinungen einen statistischen Charakter besitzen dürften [2]) [21]) [26]).

Unter anderen hat Frl. Kornfeld [26]) an unterkühlten Schmelzen von Salol, das eine große Neigung zur Unterkühlung besitzt, Beobachtungen in der Art angestellt, daß die Substanz in eine große Zahl von Röhrchen eingeschlossen, auf konstanter Temperatur unter dem Schmelzpunkt gehalten und abgezählt wurde, wie häufig es vorkommt, daß während der Beobachtungsdauer ein individuelles Röhrchen ein-, zwei- oder mehrmal auskristallisiert. Andererseits wurden in einen Beutel so viel Nummern getan, als Röhrchen vorhanden waren, eine bestimmte Anzahl von zufälligen Zügen gemacht und beobachtet, wie häufig es vorkommt, daß eine bestimmte Nummer ein-, zwei- oder mehrmal gezogen wird. Die Übereinstimmung der so gefundenen Häufigkeiten ist recht gut, was also für die Auffassung zu sprechen scheint, diese Überschreitungserscheinungen im statistischen Sinne zu deuten.

Literatur zum dritten Kapitel.

[1]) A. Einstein, Ann. d. Phys. **14**, 360 (1904).

[2]) N. Stücker, Wiener Ber. **114** (2a), 1389 (1905).

[3]) W. H. Keesom und Kamerlingh Onnes, Comm. from Phys. Lab. Leiden 1908, S. 104.

[4]) M. v. Smoluchowski, Ann. d. Phys. **25**, 205 (1908).

[5]) A. Einstein, Ann. d. Phys. **33**, 1294 (1910).

[6]) Bauer und Moulin, C. R. **151**, 864 (1910).

[7]) W. H. Keesom, Ann. d. Phys. **35**, 597 (1911).

[8]) M. v. Smoluchowski, Bull. Acad. Cracowie 1911, S. 493.

[9]) A. Einstein, Congres Solvay Bruxelles 1912, S. 419.

[10]) J. Perrin, Die Atome. Leipzig 1914. Congres Solvay Bruxelles 1911.

[11]) M. v. Smoluchowski, Phil. Mag. **23**, 165 (1912).

[11a]) L. S. Ornstein, Arch. Neerl. **3** (A), 184 (1913).

[12]) G. L. de Haas-Lorentz, Die Brownsche Bewegung ... Braunschweig 1913.

[13]) M. v. Smoluchowski, Vorträge über kinetische Theorie der Materie. Göttingen 1914.

[14]) Ornstein und Zernike, Proc. Amsterdam **17**, 793 (1914).

[15]) M. v. Laue, Verh. d. D. Phys. Ges. **17**, 198 (1915.)

[16]) F. v. Hauer, Ann. d. Phys. **47**, 365 (1915).

[16a]) M. v. Smoluchowski, Ann. d. Phys. **48**, 1103 (1915).

[17]) Kol. Szell, Verh. d. D. Phys. Ges. **17**, 122 (1915).

[18]) H. Dember, Leipziger Ber. 1915, S. 67; Ann. d. Phys. **49**, 590 (1916).

[19]) F. Zernike, Dissertation, Amsterdam 1915; Arch. Neerl. **5**, Ser. III.

[20]) R. Fürth, Wiener Ber. **124** (2a), 577 (1915).

[21]) P. Othmer, Zeitschr. f. anorg. Chem. **91**, 209 (1915); Dissertation, Göttingen 1915.

[22]) H. A. Lorentz, Les theories statistiques en thermodynamique. Leipzig 1916.

[23]) Ph. Frank, „Lotos" 1916, S. 64.

[24]) F. Zernike, Proc. Amsterdam **18**, 1520 (1916).

[24a]) Ornstein und Zernike, Proc. Amsterdam **19**, 1321 (1916).

[25]) M. v. Smoluchowski, Bull. Acad. Cracowie 1916, S. 218.

[26]) G. Kornfeld, Wiener Ber. **125** (2b), 375 (1916).

[26a]) R. Fürth, Ann. d. Phys. **53**, 208 (1916).

[27]) M. v. Laue, Phys. Zeitschr. **18**, 542 (1917).

[28]) R. Fürth, Phys. Zeitschr. **18**, 395 (1917).

[29]) Ornstein und Zernike, Phys. Zeitschr. **19**, 134 (1918).

[30]) R. Fürth, Phys. Zeitschr. **20**, 350 (1919).

Viertes Kapitel.

Schwankungen des elektrischen und magnetischen Zustandes.

A. Schwankungen der Ladungsdichte.

Legt man der Elektrizität wie der Materie atomistisehe Struktur zugrunde, dann muß auch die Anzahl der in einem bestimmten Teilvolumen eines geladenen Körpers enthaltenen Ladungsatome Schwankungen unterworfen sein. Solche müßten sowohl bei freien Ladungen isolierter Körper als auch in Elektrolyten auftreten. Nehmen wir zunächst an, die einzelnen Elementarladungen üben keine gegenseitigen Kräfte aus und es seien der Einfachheit halber alle gleich groß. Bezeichnet n_+ die Anzahl der positiven Elementarladungen $+e$ im betrachteten Volumen, n_- die Anzahl der negativen, dann ist der positive Ladungsüberschuß $E = e\,(n_+ - n_-)$.

Es sei ferner der Mittelwert von n_+ und n_- gleich $\dfrac{\nu}{2}$, also der Körper nach außen elektrisch neutral. Dann ist

$$\overline{E^2} = e^2 \overline{\left[\left(n_+ - \frac{\nu}{2}\right) - \left(n_- - \frac{\nu}{2}\right)\right]^2}.$$

Da nun nach Formel (10)

$$\overline{\left(n_\pm - \frac{\nu}{2}\right)^2} = \frac{\nu}{2},$$

so folgt für die Schwankungsgröße

$$\overline{E^2} = e^2 . \nu, \tag{95}$$

was in meßbaren Dimensionen nachweisbare Schwankungen der Ladungsdichte bewirken müßte [1] [3]).

Berücksichtigt man jedoch, daß infolge der elektrostatischen Wechselwirkung der Ladungsquanten für jede Ladungsänderung E positive Arbeit geleistet werden muß, so sieht man, daß die vorstehende Rechnung offenbar einen zu großen Wert der Schwankungsgröße liefert. Zur Berechnung der richtigen Größe kann uns wieder das $e^{-h\chi}$-Theorem dienen*); denken wir uns nämlich in den Elektrolyten einen geeigneten Meßkörper, etwa einen Faradayschen Käfig in Verbindung mit einem empfindlichen

---

*) Siehe S. 64.

Elektrometer, mit der Kapazität C eingetaucht, dessen Dimensionen sehr klein seien gegen die des umgebenden Mediums mit der Dielektrizitätskonstanten D, dann ist die Arbeit, die man leisten muß, um die Ladung E auf ihn zu bringen,

$$\frac{E^2}{2CD},$$

gegen die die „osmotische" Arbeit völlig zu vernachlässigen ist. Setzen wir dies in (32) ein und berechnen das mittlere Schwankungsquadrat, so erhalten wir

$$\delta\overline{E^2} = CD\,\frac{RT}{N} \sim CD\,.\,4\,.\,10^{-14}, \tag{96}$$

was vorläufig unterhalb der Grenze direkter Beobachtbarkeit liegen dürfte[3]).

Nach Smoluchowskis Vorschlag[3]) könnte man es etwa versuchen, einen Elektrolyten in Tröpfchen zu zerstäuben und vermittelst der Ehrenhaft-Millikanschen Methode deren Einzelladungen zu bestimmen. Die zum Teil positiv, zum Teil negativ sich ergebenden Teilchenladungen müßten dann einem statistischen Verteilungsgesetz mit einer Schwankungsgröße vom obigen Betrage gehorchen. Messungen dieser Art liegen jedoch noch nicht vor.

B. Schwankungen beim Ladungstransport.

Die kinetische Auffassung des elektrischen Stromes involviert einerseits das Auftreten von Stromschwankungen ohne scheinbare äußere Ursache, z. B. im Schließungskreise eines galvanischen Elementes, andererseits bewirken die im vorigen besprochenen spontanen Ladungshäufungen das Auftreten spontaner, den Zufallsgesetzen unterworfener Potentialdifferenzen in einem Leiterkreise und dadurch das Auftreten spontaner Ströme in einem solchen, eine Erscheinung, die der gewöhnlichen Brownschen Bewegung eines Materiepartikels völlig analog ist und auch theoretisch analog behandelt werden kann. Mit diesen spontanen Strömen hängen indirekt wieder eine Reihe von Schwankungserscheinungen zusammen, z. B. Schwankungen des magnetischen Feldes des Leiterkreises, des Peltiereffektes u. v. a.[5]) [6]) [7]).

Die Theorie einer Reihe solcher Erscheinungen ist von Frau de Haas-Lorentz[5]) gegeben worden; eine experimentelle Verifikation steht vorläufig infolge zu geringer Empfindlichkeit der elektrischen Meßinstrumente noch aus, dürfte jedoch in der Zukunft berufen sein, auf die noch ungelöste Frage über die Konstitution der Elektrizität ein neues Licht zu werfen.

C. Magnetische Schwankungen.

Die zuerst von Langevin[2]) aufgestellte kinetische Theorie des Magnetismus nimmt bekanntlich an, daß die Moleküle kleine Magnete mit gewissen magnetischen Momenten sind, deren Achsenrichtungen infolge der Molekularbewegung eben zeitlichen und örtlichen Schwankungen unterworfen sind. Ein äußeres magnetisches Feld übt gewisse Richtkräfte auf diese Magnete aus, derart, daß im großen betrachtet eine gewisse magnetische Intensität induziert wird, die sich in erster Näherung bei (paramagnetischen Körpern) als proportional dem äußeren Felde ergibt. Bei stärkeren molekularen Momenten (bzw. niedrigeren Temperaturen) entsteht infolge der Wechselwirkung der einzelnen Magnete untereinander eine spontane Magnetisierung ohne äußeres Feld: der Ferromagnetismus. Die auf diese Weise molekularkinetisch abgeleiteten Sätze stehen mit den phänomenologischen Gesetzen des Magnetismus in Übereinstimmung, jedoch bloß so lange, als infolge der großen Anzahl von Molekülen die beobachtbaren Zustände sich als Massenerscheinungen auffassen lassen. In mikroskopischen Dimensionen müßten auch hier Schwankungen der magnetischen Intensität nachweisbar sein[3]).

Wir schreiben allen Molekülen das gleiche magnetische Moment μ zu und nehmen an, dieselben seien so weit voneinander entfernt, daß wir ihre Wechselwirkung untereinander vernachlässigen können. Es wirke auf sie ein äußeres homogenes Feld der konstanten Intensität H. Dann ist die Arbeit, die man leisten muß, um ein Molekül um den Winkel α gegen die Richtung von H zu verdrehen, gleich $\mu H(\cos\alpha - 1)$ und daher nach (88) die Wahrscheinlichkeit dieser Winkellage

$$W(x)\,dx = \frac{a}{2}\frac{e^{-ax}}{\sin h\,a}\,dx{}^*),\qquad (97)$$

worin bedeutet

$$a = \frac{\mu H N}{R T},$$

wenn wir zur Abkürzung $\cos\alpha = x$ setzen.

---

*) $sin\,h$ und $cos\,h$ bezeichnen die Funktionen sinus hyperbolicus bzw. cosinus hyperbolicus.

Daraus können wir den Mittelwert von x ausrechnen und erhalten

$$\bar{x} = \frac{\cos h\,a}{\sin h\,a} - \frac{1}{a} \,^{*)}. \tag{98}$$

Im allgemeinen wird nun das magnetische Moment μ so klein sein, daß man a als klein gegen die Einheit ansehen kann, wodurch sich bei Entwickelung der obigen Formel in eine Potenzreihe und Beibehaltung des ersten Gliedes allein ergibt

$$\bar{x} = \frac{a}{3} = \frac{\mu N}{3 R T} \cdot H, \tag{99}$$

woraus zu ersehen ist, daß der mittlere Kosinus der Abweichung der Molekelachse von der bevorzugten der magnetischen Feldstärke und dem molekularen Moment direkt proportional ist.

Am einfachsten ließen sich solche Erscheinungen an kolloiden Lösungen magnetischer Substanzen studieren, besonders wenn die Teilchen nadel- oder stäbchenförmige Gestalt hätten, indem man durch Beobachtung der Häufigkeit der verschiedenen Richtungen der Teilchen unter dem Einflusse magnetischer Felder ähnlich, wie wir es in der Kolloidstatistik besprochen haben, die Zahl der Einzelereignisse, die der obigen Formel entsprechen, direkt abzählen könnte. Man hätte so u. a. auch ein einfaches Mittel in der Hand, die magnetischen Momente solcher Teilchen zu messen, oder auch, wenn diese anderweitig bekannt wären, ein Mittel zur Neuberechnung der Loschmidtschen Zahl.

Da bekanntlich auch die optischen Eigenschaften der Materie von der Achsenrichtung ihrer optisch anisotropen Moleküle abhängen, müßten sich diese Achsenschwankungen auch optisch verraten.

So sind die doppelbrechenden Eigenschaften der flüssigen Kristalle höchstwahrscheinlich bedingt durch bestimmte regelmäßige Lagerung ihrer Moleküle, müßten daher Schwankungserscheinungen aufweisen, da diese Lagerung immer nur ein statistisches Gleichgewicht darstellt[3]). In der Tat hat Mauguins[4]) die Bemerkung gemacht, daß Paraazoxyanisol, zwischen gekreuzten Nicols in geeigneter Weise angeordnet, ein lebhaftes unregelmäßiges Funkeln zeigt, das im magnetischen Felde verschwindet.

---

*) Siehe Anmerkung auf voriger Seite.

Da auch der Brechungsexponent von der Richtung der anisotropen Moleküle abhängt, muß durch die Richtungsschwankungen auch eine räumliche Schwankung des Brechungsexponenten, also eine Opaleszenz, ähnlich der auf S. 58 f. besprochenen, hervorgerufen werden. Born[8]) hat auf Grund der Sommerfeldschen quantentheoretischen Molekülmodelle der idealen Gase eine Theorie dieser Opaleszenz aufgestellt, wobei sich zeigt, daß sie gegen die Smoluchowski-Opaleszenz, der sie überlagert ist, zwar schwach, jedoch beobachtbar sein müßte, indem sie sich von jener durch das Fehlen einer Polarisation unterscheidet. Eine experimentelle Bestätigung ist jedoch noch nicht erbracht worden.

Literatur zum vierten Kapitel.

[1]) H. Bateman, Phil. Mag. **21**, 745 (1911).
[2]) P. Langevin, Congres Solvay Bruxelles 1911, S. 393.
[3]) M. v. Smoluchowski, Phys. Zeitschr. **13**, 7 (1912).
[4]) Mauguins, C. R. **154**, 1359 (1912).
[5]) G. L. de Haas-Lorentz, Die Brownsche Bewegung ... Braunschweig 1913, S. 85.
[6]) H. A. Lorentz, Les theories statistiques. Note adit. VI. Leipzig 1916.
[7]) P. Debye, Phys. Zeitschr. **18**, 144 (1917).
[8]) M. Born, Verh. d. D. Phys. Ges. **19**, 243 (1917); **20**, 16 (1918).
[9]) R. Fürth, Phys. Zeitschr. **20**, 375 (1919).

Fünftes Kapitel.

Schwankungen im Molekülinnern (chemische Schwankungen).

Aus dem in den vorigen Kapiteln referierten Tatsachenmaterial geht hervor, wie die statistisch-kinetische Auffassung der dort beschriebenen Erscheinungen nicht nur zu einer richtigen Wiedergabe der bekannten Phänomene führt, sondern auch umgekehrt eine Fülle physikalischer Vorgänge voraussagt, deren nachträgliche experimentelle Bestätigung wohl als eine starke Stütze für die Richtigkeit der gemachten Voraussetzungen gelten kann.

Es liegt daher nahe, diese Auffassung auch den bisher noch nicht besprochenen Gebieten, dem Innern des Moleküls und des Atoms, zugrunde zu legen.

Die Kinetik des Molekülinnern hat von der Vorstellung auszugehen, daß die Atome, die im Verbande des Moleküls durch chemische oder Valenzkräfte zusammengehalten werden, nicht, wie gewöhnlich stillschweigend vorausgesetzt wird, starr in ihrer Ruhelage verharren, sondern noch gewisser gegenseitiger Bewegungen fähig sind, derart, daß auf sie die Methoden der Wahrscheinlichkeitsrechnung angewendet werden können. Wird diese Bewegung (z. B. durch Erhöhung der Temperatur) stark vergrößert, so kann ein teilweiser Zerfall des Molekülbaues eintreten. Nach einer solchen Theorie lassen sich die Erscheinungen der Wärmedissoziation, des Zerfalls chemischer Verbindungen unter Einfluß hoher Temperaturen usw. als Massenerscheinungen erklären. Andererseits hätte nach dieser Auffassung die Konstitution des Moleküls einen statistischen Charakter und müßte gewissen Schwankungen unterworfen sein: Schwankungen der chemischen Zusammensetzung. Auf diese Fragen kann aber hier um so weniger eingegangen werden, als darauf bezügliche experimentelle Resultate bis jetzt nicht vorzuliegen scheinen, im Gegensatz zu den im nächsten Kapitel zu besprechenden, auf eine Kinetik des Atominnern deutenden Tatsachen.

Sechstes Kapitel.

Schwankungen im Atominnern (radioaktive Schwankungen).

Die Rutherfordsche Atomzerfallshypothese hat zu der Annahme geführt, daß auch das Atom nicht den letzten Baustein der Materie bildet, sondern selbst wieder aus einer mehr oder weniger großen Anzahl kleinerer Bestandteile zusammengesetzt ist. Diese unterscheiden sich durch ihre Masse und elektrische Ladung. Wir wollen der Einfachheit halber bloß die zwei wichtigsten Bestandteile, nämlich das α-Partikel mit der Masse eines Heliumatoms und der Ladung $+2\,e$, und das β-Partikel mit der Masse eines Elektrons und der Ladung $-\,e$ zugrunde legen. Die neueren Theorien der Linienspektren der Elemente deuten darauf hin, daß diese Partikel im Innern des Atomverbandes nicht ruhen, sondern in sehr rascher oszillatorischer oder rotatorischer Bewegung begriffen sind. Die hierdurch geweckten Zentrifugalkräfte streben eine Zertrümmerung des Atoms an, während die elektrostatischen Anziehungskräfte den Bau zusammenhalten. Sind nur wenige Partikel im Atom enthalten (niedriges Atomgewicht), dann lassen sich die Verhältnisse noch relativ einfach übersehen, wir haben dann etwas Ähnliches als ein Planetensystem im kleinen vor uns. Sind dagegen sehr viele Bestandteile da (hohes Atomgewicht), wie eben bei den radioaktiven Substanzen, dann werden die Gleichgewichtsbedingungen so kompliziert, daß sie sich praktisch wohl überhaupt nicht voraussehen lassen. Es wird dann verhältnismäßig häufiger der Fall vorkommen, daß die Konfiguration der Bestandteile so ungünstig wird, daß eines der Partikel aus einer geschlossenen in eine ungeschlossene Bahn übergehen muß: Es wird die Emission eines α- oder β-Partikels erfolgen.

Infolge des Umstandes, daß ein Atomzerfall zeitlich praktisch nicht voraussagbar ist, kann man das Zerfallen eines individuellen Atoms zu einer Zeit $t \ldots t + dt$ als ein zufälliges Ereignis ansehen, für das eine bestimmte, von der Zeit unabhängige Wahrscheinlichkeit $p\,dt$ existiert, die noch von der Natur des betreffenden radioaktiven Atoms abhängt. Hat man nun eine aus einer großen Anzahl gleichbeschaffener Atome zusammengesetzte radioaktive Substanz, dann wird nach dem vorigen sowohl die zeitliche als auch die räumliche Anordnung der ausgeschleuderten Partikel rein statistischen Charakter tragen und sich mit statistischen Methoden behandeln lassen. Die makroskopischen radioaktiven Zerfallsgesetze erscheinen so wieder als statistische Massenerscheinungen (Abklingungsgesetz, Absorption, Zerstreuung, Reichweite usw.) und lassen sich auch vermittelst wahrscheinlichkeitstheoretischer Überlegungen einfach herleiten. Ist aber diese Auffassung zutreffend, dann müssen sich im Ablauf der radioaktiven Erscheinungen Schwankungen aufweisen lassen, falls man „mikroskopische" Methoden heranzieht, d. h. den Effekt einiger weniger Einzelpartikel nachzuweisen vermag. Wirklich sind die radioaktiven Schwankungen zuerst von Schweidler theoretisch vorhergesagt[1]) und erst später auch experimentell aufgefunden worden.

Im folgenden wird die allen experimentellen Untersuchungen zugrunde liegende Voraussetzung gemacht, daß die Lebensdauer der beobachteten Substanz im Vergleich zur Dauer des Experimentes so groß ist, daß während dieser Dauer die Anzahl der zur Verfügung stehenden noch unzerfallenen Atome als konstant angesehen werden kann. Die bis jetzt ausgeführten Untersuchungen können in folgende vier Klassen eingeteilt werden.

A. Schwankungen der Anzahl der in einer bestimmten Zeit zerfallenden Atome.

„Einzelereignis" bildet das Zerfallen oder Nichtzerfallen eines individuellen Atoms in dem Beobachtungsintervall t_0, zur Beobachtung gelangt direkt oder indirekt die gesamte Zahl n der in t_0 zerfallenden Atome bzw. ausgesandten Partikel. Formel (10) ergibt für die Schwankungsgröße $\overline{\delta^2} = \dfrac{1}{\nu}$, wo ν die im Mittel in t_0 ausgeschleuderten Partikel bedeutet.

Da n selbst für sehr geringe Mengen radioaktiver Substanz sehr groß ist, scheint es nicht möglich, eine direkte Zählung der Teilchen vorzunehmen, sondern man greift zu folgenden indirekten Methoden:

1. Messung der Ladungsgeschwindigkeit.

Die direkteste Methode zur Konstatierung der Zerfallsschwankungen bei der Emission von α-Partikeln ist von Kohlrausch und Schweidler [15]) angegeben worden. Sie beruht darauf, daß das Elster und Geitelsche Einfadenelektrometer eine so kleine Kapazität und so große Spannungsempfindlichkeit besitzt, daß die durch ein einzelnes α-Partikel auf seiner Bahn erzeugten Ionen eine gerade noch nachweisbare Bewegung des Elektrometerfadens hervorrufen. Man könnte daher, wenn sich äußere Störungen exakt ausschließen ließen, die Methode direkt zur Zählung von α-Partikeln (siehe 2.) benutzen. Setzt man nun auf das Elektrometer ein kleines Ionisationsgefäß, das mit einer zur Erzielung des Sättigungsstromes genügend hohen Spannung verbunden ist, und bringt ein sehr schwaches aktives Präparat hinein, das etwa 300 α-Teilchen pro Sekunde aussendet, so wird das Elektrometer aufgeladen, jedoch infolge der Zerfallsschwankungen mit nicht konstanter Geschwindigkeit. Man mißt nun die Zeit, die zur Erreichung einer bestimmten Aufladung (40 partes) erforderlich ist, wiederholt. Dann kann man aus den Schwankungen in dieser Zahlenreihe auf die Zerfallsschwankungen schließen. Jedoch sind die Resultate zu einer quantitativen Prüfung über die Gültigkeit der wahrscheinlichkeitstheoretischen Überlegungen zu ungenau.

2. Zählmethoden.

Da die Gesamtzahl ausgeschleuderter Partikel zur Zählung zu groß ist, blendet man den größten Teil der Strahlen ab und verwendet zur Zählung nur die durch eine kleine Blende hindurchgelassene Partikelzahl. Es wird also nur ein kleiner Bruchteil r der eingetretenen günstigen Ereignisse zur Beobachtung gebracht, und es gelten daher für die Schwankungsgröße der beobachteten Teilchenzahl die auf S. 24 f. abgeleiteten Formeln. Danach ist normale Dispersion dann und nur dann zu erwarten, wenn r normale Dispersion besitzt, d. h. der beobachtete Bruchteil den Gesetzen der Wahrscheinlichkeit allein unterworfen ist. Da für die Emission eines Teilchens alle Richtungen im Raume gleich wahrscheinlich sind, ist also die so beobachtete Anzahl der ausgeblendeten Teilchen normalen Dispersionsgesetzen unterworfen, unabhängig davon, ob die Gesamtanzahl der pro Zeiteinheit zerfallenden Atome konstant ist oder schwankt. In der Tat zeigen alle Beobachtungen normale Dispersion mit geringfügigen Abweichungen, die sich durch kleine systematische Beobachtungsfehler erklären lassen [24]).

a) Methode der Szintillationen.

Sie beruht darauf, daß ein einzelnes α-Teilchen die Fähigkeit besitzt, bei seinem Auftreffen auf eine fluoreszenzfähige Substanz, meist Sidotblende (Zinksulfid) oder Diamant, einen im Mikroskop deutlich wahrnehmbaren Lichtblitz zu erzeugen, so daß es möglich ist, die Anzahl der in einem bestimmten Zeitintervall den Schirm treffenden Partikel zu zählen. Messungen dieser Art sind von Regener [6]), Svedberg [9]), Rutherford und Geiger [8]) angestellt worden. Die letzteren Forscher benutzen als Strahlungsquelle Polonium und registrieren die Szintillationen vermittelst eines elektrisch zu betätigenden Chronographen. Aus diesen Registrierungen wird dann die Zahlenreihe der Lichtblitze entnommen, die in sukzessiven Zeitintervallen von $1/_8$ Minute auf dem Schirm auftraten.

Die Verteilung der Zahlen muß, wenn unsere Überlegungen richtig sind, der Formel (8) genügen. In der folgenden Tabelle sind die beobachteten und berechneten Häufigkeiten zusammengestellt und man sieht, daß in der Tat Übereinstimmung herrscht.

Tabelle XXIII *).

n	Häufigkeit		n	Häufigkeit	
	beob.	ber.		beob.	ber.
0	57	55	8	45	68
1	203	211	9	27	29
2	383	407	10	10	11
3	525	525	11	4	4
4	532	508	12	0	1
5	408	393	13	1	1
6	273	254	14	1	0
7	139	141			

Der Mittelwert ν ergab sich zu 3,87. Für die Schwankungsgröße folgt aus obiger Tabelle $\nu\overline{\delta^2} = 0{,}951$, während die Theorie den Wert 1 verlangt. Entnimmt man den Chronographenaufzeichnungen auf gleiche Weise die Häufigkeit der Szintillationen in dem Zeitintervall einer Viertelminute, so zeigt der Vergleich mit der Theorie eine ebenso gute Übereinstimmung. Für die Schwankungsgröße folgt

$$\nu\overline{\delta^2} = 0{,}978.$$

b) Methode der Stoßionisation.

Unter 1. haben wir gesehen, daß unter günstigen Umständen die Ionisationswirkung eines einzelnen α-Partikels genügen kann, um einen meßbaren Ausschlag an einem Elektrometer hervorzubringen. Um diese Wirkung nun zu verstärken, benutzten zuerst Rutherford und Geiger[8a]) folgende Methode. Die Strahlen werden in eine zylindrische Ionisationskammer mit stäbchenförmiger Elektrode in der Achse durch ein Fenster hineingeschickt, während der Druck der eingeschlossenen Gase auf etwa 20 mm Hg erniedrigt ist. Legt man nun an die Kammer ein hohes Potential an und tritt ein α-Partikel hinein, so erzeugt es durch Stoß eine

---

*) Die berechneten Häufigkeiten sind, dem korrekteren Wege folgend, dem Buche von Bortkiewicz[24]) entnommen, desgleichen die Berechnung der Schwankungsgröße.

Anzahl Ionenpaare. Diese werden nun durch die angelegte Spannung beschleunigt und erlangen in dem verdünnten Gase eine solche Geschwindigkeit, daß. sie imstande sind, durch Stoßionisation neuerdings Ionen zu erzeugen; auf diese Weise vervielfacht sich die Wirkung derart, daß an einem angelegten Elektrometer ein beträchtlicher Ausschlag erzielt wird. Die Ausschläge werden am besten photographisch registriert.

Die Methode wurde von Hess und Lawson[32] verbessert und so empfindlich gemacht, daß sie nun die Zählung von α- und von β-Korpuskeln gestattet. Ferner ist es so möglich, vermittelst des Effektes der sekundären Korpuskularstrahlung einzelne γ-Strahlimpulse sichtbar zu machen und zu zählen. Letzteres zeigt, daß so, wie die α- und die β-Strahlung auch die γ-Strahlung eine diskontinuierliche ist und den gleichen, reinen Zufallsgesetzen gehorchenden Schwankungen unterliegt.

Eine dritte, auf dem Effekt der Stoßionisation beruhende Methode ist von Geiger[26a] angegeben worden, der ein mit Luft von Atmosphärendruck gefülltes Ionisationsgefäß verwendet, in dem durch hohe Spannungen jedesmal beim Eintritt eines α- oder β-Partikels eine Spitzenentladung eingeleitet wird, die ebenfalls mittels eines Elektrometers registriert werden kann.

Die Methode ist von Kovarik[37] wesentlich verbessert worden, der die plötzlichen Potentialänderungen an der Spitze benutzt, um vermittelst eines Audionröhrenverstärkers ein Relais in Tätigkeit zu setzen, das wiederum den Schreibstift eines elektromagnetischen Registrierwerkes in Funktion bringt. Die Methode hat den Vorteil einer automatischen Registrierung der Elementarimpulse und führt zu denselben Resultaten wie die Zählmethoden.

Verwendet man statt einer festen radioaktiven Substanz eine radioaktive Lösung oder Gas und benutzt zur Zählung der α-Teilchen z. B. die Szintillationsmethode, so beobachtet man einen Schwankungseffekt, der aus einer Überlagerung der Dichteschwankungen der Lösung bzw. des Gases, der Zerfallsschwankungen, der Reichweiteschwankungen aufzufassen ist. Nach unseren früheren allgemeinen Überlegungen ist auch für diesen Fall eine normale Dispersion zu erwarten. Trotzdem weicht das beobachtete Häufigkeitsverteilungsgesetz, wie Svedberg an einer Reihe von Beispielen gezeigt hat, von dem theoretischen nicht unbeträchtlich ab[9][16][21]. Eine befriedigende Erklärung dieser auffallenden Erscheinung steht noch aus.

3. Ionisationsmethoden.

Bringt man das radioaktive Präparat in ein genügend großes Ionisationsgefäß, so daß alle Partikel darin absorbiert werden, so erzeugt jedes längs seiner Bahn eine gewisse Anzahl von Ionenpaaren. Durch Anlegen eines genügend hohen Potentials werden alle pro Zeiteinheit entstehenden Ionen an die Elektroden transportiert. Der so erzeugte Sättigungsstrom kann entweder galvanometrisch oder, noch besser, wie es meist auch geschieht, elektrometrisch gemessen werden, indem man den Sättigungsstrom durch einen hochohmigen Erdschluß abfließen läßt. Wäre nun die Anzahl der pro Sekunde ausgeschleuderten Partikel zeitlich konstant, dann müßte das Elektrometer ständig den gleichen Ausschlag zeigen, während sich Zerfallsschwankungen in Schwankungen der Nadelstellung dokumentieren werden. Die Messung dieser Schwankungen bietet aber noch gewisse Schwierigkeiten aus folgenden Gründen.

Verwendet man ein schwaches Präparat, dann kann man zwar ein empfindliches Elektrometer verwenden, jedoch sind die zu erwartenden Schwankungen, wie aus Formel (10) hervorgeht, selbst schwach. Nimmt man hingegen ein starkes Präparat, dann sind zwar die Schwankungen größer, jedoch schwerer nachzuweisen, da man dann nur Instrumente für hohe Potentiale, also geringer Empfindlichkeit, verwenden kann. Diesen Schwierigkeiten kann man durch folgende zwei Kunstgriffe entgehen.

a) Differentialmethode.

Man verwendet zwei annähernd gleiche Strahlungsquellen und mißt mit dem Elektrometer die Differenz der von ihnen erzeugten Ionisationsströme. Man erhält so Spannungsschwankungen am Elektrometer, die doppelt so groß sind als die von einem Präparat hervorgebrachten und hat gleichzeitig die Möglichkeit der Verwendung sehr empfindlicher Instrumente, da die Spannung sich ständig in der Nähe des Nullwertes befinden wird. Diese Methode ist von Kohlrausch [2]) zum erstenmal zum Nachweis der Zerfallsschwankungen verwendet worden, während die Zählmethoden, wie wir oben sahen, keinen eindeutigen Schluß auf Schwankungen des Zerfalls zulassen.

Die Methode läßt sich qualitativ auch auf die Ionisation von β-Strahlen anwenden [3]).

b) Kompensationsmethode.

Der vom radioaktiven Präparat erzeugte Ionisationsstrom wird durch einen hohen Ohmschen Widerstand (Bronsonwiderstand) zur Erde abgeleitet. Die Spannung am Elektrometer wird durch eine konstante Potentialquelle im Mittel kompensiert entweder, indem bei einem Quadrantenelektometer das andere Quadrantenpaar, oder bei einem Fadenelektrometer das Gehäuse entsprechend aufgeladen oder in den Erdschluß eine hohe elektromotorische Kraft eingeschaltet wird. Die Methode ist zum erstenmal von Meyer und Regener [4] [5] angewendet worden, um aus den Nadelschwankungen auf die Gesamtzahl der ausgeschleuderten Partikel zu schließen. (Über die Anwendung der Methode zur Messung der Ionisationsschwankungen von γ-Strahlen siehe später.)

Die Theorie dieser im Prinzip scheinbar so einfachen Meßmethoden ist jedoch, wie aus dem folgenden hervorgehen wird, beträchtlich komplizierter als die der vorangehenden. Zunächst gelangt ja hier nicht direkt die Zahl der zerfallenden radioaktiven Atome zur Messung, sondern ein dadurch vermittelter Effekt, der Sättigungsstrom. Wir müssen also zur Auswertung der Schwankungen eine unserer auf S. 23 f. entwickelten Formeln benutzen.

Hier stoßen wir gleich anfangs auf die schwer zu beseitigende Unsicherheit in betreff der Frage, ob die durch ein α-Partikel hervorgerufene Ionisation eine Konstante, oder gewissen Schwankungen unterworfen ist. Der Mechanismus der Stoßionisation macht es plausibel, daß diese Schwankungen, wenn sie wirklich auftreten, jedenfalls klein sein dürften, so daß wir annahmsweise mit konstantem Sekundäreffekt rechnen wollen. Die gute Übereinstimmung der experimentellen Resultate mit der so entwickelten Theorie bieten eine Gewähr für die Richtigkeit dieser Ansicht.

Formel (22) liefert in diesem Falle für das absolute Schwankungsquadrat des Sättigungsstromes i, wenn wir den Zerfallsschwankungen normale Dispersion zuschreiben

$$\overline{i^2}\,\overline{\delta_i^2} = \frac{\overline{i^2}}{\nu}. \tag{100}$$

Wir nehmen nun zunächst an, unser Elektrometer sei absolut ideal isoliert, so daß keine der darauf gebrachten Ladungen verloren geht. Jede Schwankung des Stromes i bewirkt nun auf dem Elektrometer eine positive oder negative Ladungsänderung.

Da nun diese in aufeinanderfolgenden Zeiten vor sich gehenden Schwankungen voneinander völlig unabhängig sind, addieren sich nach dem bekannten Satze der Wahrscheinlichkeitsrechnung die Schwankungsquadrate der Ladung, so daß diese Ladung und damit die ihr proportionale Zeigerstellung des Instrumentes im Mittel proportional der Wurzel aus der Zeit ansteigen muß; wir sehen, der Vorgang ist völlig analog der gewöhnlichen Brownschen Bewegung eines keinen äußeren Kräften unterworfenen Einzelteilchens, und der Zeiger wird in endlicher Zeit jedenfalls über den Meßbereich der Skala hinausgetrieben worden sein.

In Wirklichkeit beobachtet man nun aber nie eine sehr beträchtliche Verschiebung des Zeigers aus der Nullage, was dem Umstande zugeschrieben werden muß, daß infolge verschiedener Umstände immer ein Teil der Ladung vom Elektrometer wieder abfließt. Schrödinger[36]) hat gezeigt, daß dieser Umstand die Zeigerbewegung in der Art beeinflußt, als ob eine elastische Kraft ihn immer wieder in die Ruhelage zöge. Seine Bewegung ist also identisch mit der auf S. 66 besprochenen Brownschen Bewegung eines Einzelteilchens unter der Wirkung einer elastischen Kraft, wobei die Schwankungsgröße $\overline{\delta_\nu^2}\,\overline{i^2}$ die Rolle des Diffusionskoeffizienten spielt. Notiert man etwa in äquidistanten Zeitintervallen die Stellungen des Zeigers, so kann man nach den von Schrödinger gegebenen Formeln die gesuchte Größe aus diesen berechnen.

Die Sachlage wird aber noch weiter dadurch kompliziert, daß das Instrument niemals trägheitsfrei ist, und daher der Zeiger den Stromschwankungen nicht momentan folgt, sondern diese immer über ein gewisses Zeitintervall automatisch „integriert". Campbell[7]) hat zuerst die Theorie der Meßmethode durch Berücksichtigung der mechanischen und elektrischen Konstanten des Elektrometers für gewisse Spezialfälle entwickelt, während die allgemeine Theorie ebenfalls von Schrödinger[36]) gegeben worden ist.

Arbeitet man mit nichtgesättigten Strömen, wie dies Ernst[28]) getan hat, so muß ferner noch berücksichtigt werden, daß eine gewisse Anzahl von Ionen, bevor sie an die Elektroden gelangt, sich wieder „rekombiniert" haben wird, ein Effekt, der nach Schweidler[31]) nicht konstant ist, sondern gewissen „Rekombinationsschwankungen" unterliegt.

Frl. Bormann[35]) hat in neuerer Zeit vermittelst der Differentialmethode zur Prüfung von Schrödingers Theorie Messungen angestellt, die deren volle Bestätigung erbrachten.

Zur Messung der Schwankungen diente ein Elster-Geitelsches Einfadenelektrometer mit sehr geringer Trägheit: durch eigene Versuche wurde ermittelt, daß die zu erwartende Fehlanzeige infolge der „integrierenden Wirkung" völlig zu vernachlässigen war. Die Fadenstellungen wurden alle zwei Sekunden nach dem Schlage einer Signaluhr abgelesen und aus der erhaltenen Zahlenreihe von über 3000 Werten die gesuchte Schwankung berechnet. Daß die stationäre Verteilung der Nadelstellungen in der Tat einer

Fig. 5.

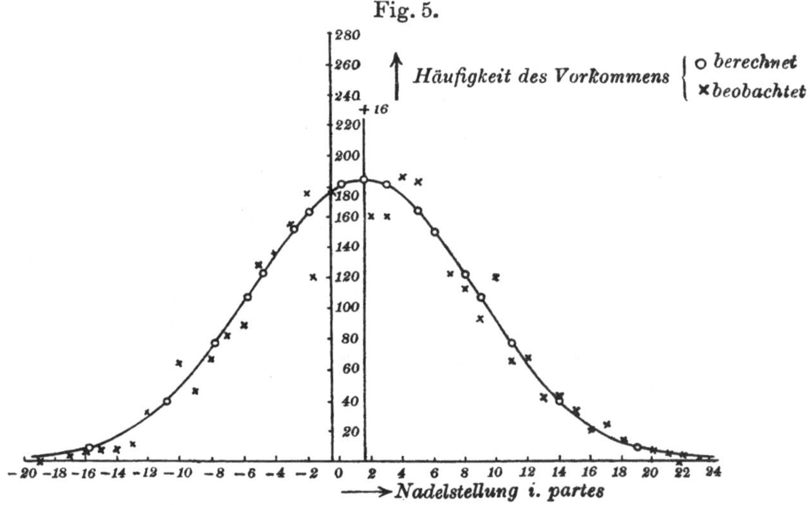

Formel von der Art von (90) mit den gefundenen Konstanten genügt, geht aus Fig. 5 hervor, in der die ausgezogene Linie den nach der Formel berechneten Funktionsverlauf, die Kreuze die beobachteten Häufigkeiten der verschiedenen Fadenstellungen bedeuten: die ausgezogene Vertikale, die dem Maximum der Kurve entspricht, der Schwankungsmittelpunkt, ist aus dem Mittelwert der Fadenstellungen berechnet und fällt mit dem Nullpunkt aus dem Grunde nicht zusammen, weil die Präparate nicht absolut gleich stark gemacht werden konnten.

Es war aber auch möglich, die Theorie absolut zu prüfen durch Messung des Sättigungsstromes $\bar{i}$. Die Kenntnis von $\overline{\delta_i^2}$ und $\bar{i}$

gestattet, aus (100) die Zahl der emittierten Partikel pro Sekunde zu berechnen und ergab hierfür $\nu = 14\,300$ Part/sec. Da ferner die Anzahl der von einem Partikel erzeugten Ionenpaare anderweitig bekannt ist*) (166\,350), ergibt sich aus der Sättigungsstromstärke, wenn die Ionenladung gleich $4{,}7\,.\,10^{-10}$ gesetzt wird, für die Zahl der emittierten Partikel $\nu = 14\,100$. Die sehr gute Übereinstimmung ist wohl bei der Unsicherheit der zugrunde gelegten Zahlen eine zufällige, spricht aber doch mit großer Wahrscheinlichkeit für die Richtigkeit der theoretischen Anschauungen.

B. Schwankungen in der Ionisierung.

Wie bereits im vorhergehenden erwähnt, ist wahrscheinlich die Anzahl der von einem Partikel erzeugten Ionen keine für das betreffende Radioelement genau konstante Größe, sondern gewissen Schwankungen unterworfen. Wir erwähnten, daß diese „Ionisationsschwankungen" bei der Ionisationsmethode zur Messung der Zerfallsschwankungen eine Rolle spielen.

Ähnliche Schwankungen dürften nun auch bei der „Stoßionisation", und zwar in weit stärkerem Maße zu erwarten sein, was sich in Schwankungen der Sättigungsstromstärke bei der Ionisierung durch Stoß äußern müßte. Ein solcher Einfluß würde sich bei der im vorigen Abschnitt besprochenen Methode der Stoßionisation zur Zählung der Strahlen durch wechselnde Größe der am Elektrometer registrierten Einzelausschläge bemerkbar machen. Bei der Zählmethode wird dieser Größe der Ausschläge nur insofern Bedeutung geschenkt, als man einen besonders großen Ausschlag durch die Annahme deutet, daß gleichzeitig zwei Partikel in die Ionisationskammer eingetreten seien.

E. Meyer hat einen Ansatz zur theoretischen Behandlung dieser Schwankungen gegeben und auch eine experimentelle Untersuchung der Erscheinung durchgeführt[18]), die wenigstens qualitativ mit der Theorie im Einklang steht; jedoch ist bei unserer gegenwärtigen Unkenntnis über die genauen Vorgänge bei der Stoßionisation die exakte Lösung des Problems erst von der Zukunft zu erwarten.

Einen noch größeren Einfluß als bei den Korpuskularstrahlen haben die Ionisationschwankungen bei γ-Strahlen aus leicht be-

---

*) Z. B. aus der Zählung der Partikel in Verbindung mit einer Messung des Ionisationsstromes.

greiflichen Gründen, da der Ionisationsprozeß der γ-Strahlen ein sehr verwickelter sein dürfte und daher bedeutend stärker zu Schwankungen Anlaß gibt. Unter Zugrundelegung gewisser Hypothesen über die Art dieser Ionisierung hat Schweidler Überschlagsrechnungen angestellt, welche zeigen, daß die durch die γ-Strahlen hervorgerufenen Ionisationsschwankungen selbst so beträchtlich sein dürften, daß es nicht möglich erscheint, aus Schwankungsmessungen auf Basis der Ionisationsmethoden der γ-Strahlen Schlüsse auf die Zahl der emittierten γ-Strahlen zu ziehen [11]. Zu diesem Zwecke kann vielmehr bislang bloß die Zählmethode der Stoßionisation Verwendung finden. Dagegen sind die Messungen der durch die γ-Strahlung hervorgerufenen Schwankungen der Ionisierung von hoher Bedeutung für die Erkenntnis der Struktur der Strahlen, ob diese nämlich als Korpuskeln (nach Bragg) bzw. gerichtete Impulse (Starksche Lichtquanten), oder isotrope Ätherstrahlung anzusehen sind. Verändert man nämlich die Öffnung der Blenden, durch die die Strahlen in das Ionisationsgefäß eintreten müssen, so dürfte sich die Zahl der pro Zeiteinheit eintretenden Impulse nicht ändern, wenn die γ-Strahlen isotrope Ätherwellen sind, in den beiden anderen Fällen dagegen bei Verkleinerung der Öffnung abnehmen. Demgemäß müßten sich auch die beobachteten Schwankungen in verschiedener Weise ändern. Messungen dieser Art sind von E. Meyer angestellt worden [12]. Durch das Mitspielen der Ionisierungsschwankungen und der Trägheit des Instrumentes ist die Diskussion der so erhaltenen Resultate nicht ganz einfach, doch scheint unter allen Umständen aus ihnen mit Sicherheit die Unmöglichkeit der Annahme isotroper γ-Strahlimpulse hervorzugehen [7] [12] [17] [19] [25].

Daß aber die γ-Strahlung dennoch kein völlig gerichteter Vorgang sein kann, geht aus folgenden Versuchen E. Meyers [17] hervor. Aus drei parallelen Platten sind zwei gleiche Ionisationskammern gebildet, die eine Wand gemeinsam haben. Sie werden von einer einzigen γ-Strahlquelle bestrahlt, derart, daß die Strahlen entweder senkrecht zur Wandung die Kondensatoren durchsetzen (Longitudinaleffekt) oder parallel zur Wandung, indem das Radiumpräparat in die Ebene der gemeinsamen Wand gebracht wird (transversaler Effekt). Durch Anlegen gleicher oder entgegengesetzt gleicher, hoher Potentiale an die beiden Kammern kann man es erreichen, daß in ihnen der Sättigungsstrom in gleicher oder entgegengesetzter Richtung fließt. Wäre nun der γ-Strahl ein völlig gerichteter Prozeß, dann müßten im Falle des Transversaleffektes die Schwankungen in den beiden Kammern voneinander völlig unabhängig sein, daher von der Richtung des Ionisationsstromes nicht beeinflußt und das Verhältnis der beiden Schwankungsgrößen bei den beiden Schaltungsweisen, der „Koppelungseffekt", gleich eins. Hingegen bei völliger Isotropie der Strahlung dürften infolge des Synchronismus der Schwankungen in beiden Gefäßen bei Gegenschaltung überhaupt keine Schwankungen bemerkbar sein, der Koppelungseffekt unendlich groß.

In Wirklichkeit beobachtete nun E. Meyer bei seinen Versuchen sowohl im Longitudinal- als im Transversaleffekt eine Koppelung in der Größenordnung 2. Die γ-Strahlen sind also sowohl in der Strahlrichtung als senkrecht dazu weder völlig isotrop, noch völlig korpuskular.

Mit beiden Ergebnissen vereinbar scheint die Sommerfeldsche Impulstheorie zu sein, die den γ-Strahl zwar als allseitig sich ausbreitenden Ätherimpuls ansieht, aber so, daß die Strahlungsenergie nicht nach allen Richtungen denselben Wert hat (Bremsstrahlung der γ-Strahlen). Buchwald [18]) hat nach dieser Theorie für die Meyersche Versuchsanordnung den zu erwartenden Koppelungseffekt ausgerechnet und ihn mit dem empirisch ermittelten in guter Übereinstimmung gefunden.

C. Schwankungen der Zeit zwischen zwei Zerfallsereignissen.

Die im vorhergehenden beschriebenen Versuche dienen im wesentlichen dazu, die radioaktive Schwankungsgröße zu bestimmen. Das Problem dieses Abschnittes hängt mit der Schwankungsgeschwindigkeit zusammen. In unseren theoretischen Erörterungen (erstes Kapitel B.) über die Wiederkehrzeit abnormaler Ereignisse bei kontinuierlicher Beobachtung betrachteten wir die Wahrscheinlichkeit $\psi_n(t)\,dt$, daß die Zeit zwischen zwei aufeinanderfolgenden n-Ereignissen den Betrag $t \ldots t + dt$ besitzt (44). In unserem Falle ist das n-Ereignis beispielsweise das Auftreten von n Szintillationen auf einem Schirm in der Zeit t_0. Wählt man t_0 genügend klein, so wird die Wahrscheinlichkeit, daß mehr als · eine Szintillation während t_0 auftritt („gleichzeitiges Auftreten mehrerer Szintillationen"), praktisch gleich Null. Man hat dann folgendes Problem:

Die auf einen Szintillationsschirm auftreffende Strahlung sei so schwach, daß „gleichzeitig" immer nur eine Szintillation auftritt. Wie groß ist die relative Häufigkeit der Zeitintervalle t zwischen dem Auftreten zweier Lichtpunkte? Die Antwort gibt Formel (44), in der man am besten die Konstante c_1 empirisch aus dem Beobachtungsmaterial bestimmt, da nach Formel (46) die mittlere Wiederkehrzeit gleich $\dfrac{1}{c_1}$ sein muß.

Versuche zur Verifikation dieser Gesetzmäßigkeit sind von Marsden und Barrat[14]) auf die beschriebene Weise vorgenommen worden; die Resultate einer Beobachtungsreihe von über 7000 Szintillationen sind in der folgenden Tabelle XXIV enthalten, welche, wie der Vergleich der beobachteten und der aus der integrierten Formel (52) berechneten Häufigkeiten der verschiedenen Zeitintervalle zeigt, die Theorie durchaus bestätigt.

Tabelle XXIV.

t in Sekunden	Häufigkeit		t in Sekunden	Häufigkeit	
	beob.	ber.		beob.	ber.
0 — 1	3106	3059	5 — 6	206	229
1 — 2	1763	1822	6 — 7	130	137
2 — 3	1115	1085	7 — 8	86	81
3 — 4	658	646	8 — 9	42	49
4 — 5	389	385	9 — ∞	68	71

Eine weitere, mit dem Problem der Schwankungsgeschwindigkeit zusammenhängende Aufgabe ergibt sich aus der sogenannten „Doppelschirmmethode" von Marsden und Geiger. Sie wurde ursprünglich zur Entscheidung der Frage ersonnen, ob der Zerfall eines Atoms gleichzeitig zwei α-Partikel liefern könne, oder nur eines. Das sehr schwache radioaktive Präparat kommt zwischen zwei einander genau gegenüberliegende Zinksulfidschirme, die von zwei Beobachtern mittels zweier auf diese Schirme eingestellten Mikroskope in bezug auf die auftretenden Szintillationen beobachtet werden. Die Beobachtungen werden auf einem gemeinsamen Chronographenstreifen zeitlich registriert. Fällt eine beträchtliche Anzahl von Beobachtungspunkten der beiden Beobachter zeitlich genau zusammen, so kann man auf die gleichzeitige Emission zweier Partikel schließen, wird ein bestimmtes, kleines Zeitintervall zwischen ihnen bevorzugt, so liegt wahrscheinlich der Fall eines sehr kurzlebigen aktiven Zwischenproduktes vor.

Man kann sich nun die Frage vorlegen, wie häufig es bei einer solchen Beobachtungsreihe, wo sicher kein solches Zwischenprodukt vorhanden ist, vorkommt, daß eine von Szintillationen des anderen Beobachters nicht unterbrochene Gruppe von k Szintillationen des einen Beobachters auftritt. Es handelt sich hier offenbar um die Berechnung der Wahrscheinlichkeit der Dauer k eines n-Zustandes ohne Wahrscheinlichkeitsnachwirkung, die sich aus Formel (38) S. 29 berechnen läßt. Da die Wahrscheinlichkeiten für das Auftreten einer Szintillation bei einem oder dem anderen der beiden Beobachter einander gleich sind, ist offenbar $W(n) = 1/2$ und daher

$$\varphi_n(k) = \left(\frac{1}{2}\right)^k.$$

Marsden und Barrat [14]) haben aus ihren Beobachtungen am aktiven Niederschlag von Aktinium und Thorium die Häufigkeiten der verschiedenen Gruppen der beschriebenen Art entnommen und sie mit den aus obiger Formel folgenden theoretischen Werten verglichen; die folgende Tabelle XXV zeigt sehr gute Übereinstimmung der beiden Zeilen.

Tabelle XXV.

k		1	2	3	4	5	6	7	8	9 und mehr
Häufig- keit	beob.	1369	720	340	172	80	35	19	12	10
	ber.	1379	690	345	172	86	43	21	11	11

D. Schwankungen der Reichweite.

So wie die Ionisationsschwankungen zeigen, daß der von einem Partikel längs seiner Bahn erzeugte Ionisationseffekt von einem Partikel zum anderen Schwankungen unterworfen ist, zeigt auch die geradlinige Länge dieser Bahn, die „Reichweite" eines individuellen Teilchens solche Schwankungen. Beide Effekte dürften, wenigstens zum Großteil, auf die Dichteschwankungen der absorbierenden Substanz zurückzuführen sein, wodurch es kommt, daß ein Teilchen auf einer gewissen Bahnstrecke bald mehr, bald weniger Moleküle antrifft.

Die „individuellen" Reichweiteschwankungen bewirken, daß die Reichweite eines α-Strahlenbündels, die „Reichweite" schlechthin, keine genau definierte Größe ist, daß also das Bündel am Ende der Reichweite nicht schroff abbricht, sondern eine Streuung aufweist: die Ionisations-, Szintillationseffekte usw. am Ende der Reichweite allmählich abnehmen. Versuche mit der Szintillations- und Ionisationsmethode haben diese Reichweiteschwankungen experimentell aufgedeckt [13] [26] [34]), thoretische Ansätze zu ihrer Diskussion sind auch gemacht worden [20] [27] [29] [30]); gewisse Divergenzen zwischen Experiment und Theorie deuten jedoch darauf hin, daß die derzeitigen Anschauungen über den Geschwindigkeitsabfall der α-Strahlen in der Materie noch nicht die endgültige Fassung sein können.

Literatur zum sechsten Kapitel.

[1]) E. v. Schweidler, Prem. congr. de Radiologie. Liège 1905.

[2]) K. W. Kohlrausch, Wiener Ber. **115** (2a) 673 (1906).

[3]) H. Geiger, Phil. Mag. **15**, 539 (1908).

[4]) E. Meyer und Regener, Ann. d. Phys. **25**, 757 (1908); Verh. d. D. phys. Ges. **10**, 1 (1908).

[5]) E. Meyer, Jahrb. d. Rad. u. Elektr. **5**, 423 (1908); **6**, 242 (1909).

[6]) E. Regener, Verh. d. D. phys. Ges. **10**, 78 (1908); Berliner Ber. **38**, 948 (1909).

[7]) N. Campbell, Phys. Zeitschr. **11**, 826 (1910).

[8]) Rutherford und Geiger, Phil. Mag. **20**, 698 (1910).

[8a]) Rutherford und Geiger, Proc. Roy. Soc. (A) **81**, 141 (1908).

[9]) Th. Svedberg, Zeitschr. f. phys. Chem. **74**, 738 (1910).

[10]) E. Meyer, Phys. Zeitschr. **11**, 215 (1910).

[11]) E. v. Schweidler, Phys. Zeitschr. **11**, 225 u. 614 (1910).

[12]) E. Meyer, Berl. Ber. **32**, 647 (1910); Phys. Zeitschr. **11**, 1022 (1910); Jahrb. f. Rad. u. Elektr. **7**, 279 (1910).

[13]) H. Geiger, Proc. Roy. Soc. (A) **83**, 505 (1910).

[14]) Marsden und Barrat, Proc. Phys. Soc. London **23**, 367; **24**, 50 (1911); Phys. Zeitschr. **13**, 193 (1912).

[15]) Kohlrausch und Schweidler, Phys. Zeitschr. **13**, 11 (1912).

[16]) Th. Svedberg, Die Existenz der Moleküle. Leipzig 1912.

[17]) E. Meyer, Phys. Zeitschr. **13**, 73 (1912); Ann. d. Phys. **37**, 700 (1912).

[18]) E. Buchwald, Ann. d. Phys. **39**, 41 (1910).

[19]) Laby und Burbidge, Proc. Roy. Soc. (A) **56**, 333 (1912).

[20]) K. F. Herzfeld, Phys. Zeitschr. **13**, 547 (1912).

[21]) Th. Svedberg, Phys. Zeitschr. **14**, 22 (1913); **15**, 512 (1914).

[22]) E. v. Schweidler, Phys. Zeitschr. **14**, 198 (1913).

[23]) T. Ehrenfest, Phys. Zeitschr. **14**, 675 (1913).

[24]) L. Bortkiewicz, Die radioaktive Strahlung. Berlin 1910.

[25]) P. W. Burbidge, Proc. Roy. Soc. (A) , **89**, 45 (1913).
[26]) F. Friedmann, Wiener Ber. **122** (2a), 1269 (1913).
[26a]) H. Geiger, Verh. d. D. phys. Ges. **15**, 534 (1913); Phys. Zeitschr. **19**, 1129 (1913).
[27]) L. Flamm, Wiener Ber. **123** (2a), 1393 (1914).
[28]) A. Ernst, Ann. d. Phys. **48**, 877 (1915).
[29]) L. Flamm, Wiener Ber. **124** (2a), 597 (1915).
[30]) R. W. Lawson, Wiener Ber. **124** (2a), 637 (1915).
[31]) E. v. Schweidler, Ann. d. Phys. **49**, 594 (1916).
[32]) Hess und Lawson, Wiener Ber. **125**, 307 u. 661 (1916).
[33]) St. Meyer und E. v. Schweidler, Radioaktivität. Leipzig 1916.
[34]) J. P. Rothensteiner, Wiener Ber. **125** (2a), 1237 (1916).
[35]) E. Bormann, Wiener Ber. **127** (2a), 2347 (1918).
[36]) E. Schrödinger, Wiener Ber. **128** (2a), 177 (1919).
[37]) A. F. Kovarik, Phys. Rev. **13**, 272 (1919).
[38]) R. Fürth, Phys. Zeitschr. **20**, 375 (1919).

Siebentes Kapitel.

Strahlungsschwankungen.

Im vorigen Kapitel besprachen wir den Fall, daß ein Elementarbestandteil eines Atoms aus einer geschlossenen in eine ungeschlossene Bahn übergeht: die radioaktive Strahlung. Ist die Gleichgewichtsstörung keine so krasse, dann geht das Partikel bloß von einer Gleichgewichtsbahn zu einer anderen geschlossenen über, wobei im allgemeinen ein Energieverlust stattfindet, der sich in Form emittierter elektromagnetischer Strahlung von bestimmter Frequenz nach außen hin kundgibt. Der Energieverlust kann dabei z. B. durch Wärmezufuhr von außen (Temperaturstrahlung), er kann aber auch durch Absorption einer anderen Strahlung gedeckt werden. Zu letzterem Typus gehört der Fall des „Strahlungsgleichgewichtes", in dem sich eine Strahlung befindet, die in einem adiabatischen Hohlraum eingeschlossen ist. Auch ein solches Gleichgewicht bietet ein Beispiel für die von uns betrachteten statistischen Gleichgewichte. Im großen betrachtet wird die Emission von jedem Flächenstück der Wand in der Zeiteinheit durch eine gleich große Absorption aufgewogen, die Energiedichte der Strahlung in jedem Volumteil des Hohlraumes zeitlich konstant sein. In mikroskopischen Dimensionen müssen auch hier Schwankungen auftreten.

Die Schwankungen der Strahlungsdichte können auf folgendem Wege berechnet werden [2] [3]): Für die Energieschwankung in einem Volumen $\varDelta v$ (inkompressibler Substanz) fanden wir im dritten Kapitel A, Formel (73)

$$\bar{\delta}_e^2 = \frac{k\,T_0^2}{E_0^2}\,\frac{v_0}{\varDelta v}\,\frac{\partial E}{\partial T}.$$

Nach Jeans entspricht die in einem Volum $\varDelta v$ eingeschlossene Strahlung des Frequenzbereiches $\omega \ldots \omega + d\,\omega$

$$Z_f = \frac{8\,\pi\,\omega^2}{c^3}\,\varDelta v\,d\,\omega \tag{101}$$

Freiheitsgraden. Nehmen wir den Gleichverteilungssatz als gültig an, so wird nach (74)

$$\bar{\delta}_e^2 = \frac{1}{Z_f} = \frac{c^3}{8\,\pi\,\omega^2\,\varDelta v\,d\,\omega}. \tag{102}$$

Nach der Quantenhypothese kommt analog zu (75) dazu noch die durch die quantenhafte Struktur bedingte Schwankung, so daß

$$\bar{\delta}_e^2 = \frac{1}{Z_f} + \frac{1}{Z_q}$$

wird, wo

$$Z_q = \frac{e}{h\,\omega}. \tag{103}$$

Den Anteil (35a) kann man sich auch, wie Lorentz gezeigt hat, direkt ableiten aus der Überlegung, daß der resultierende Strahlungsvektor in jedem Raumpunkte durch Interferenz der aus allen Raumteilen kommenden Strahlbündel zustande kommt und daher im Laufe der Zeit unregelmäßigen Intensitätsschwankungen unterworfen sein wird. Diese Ableitung gibt als Resultat denselben Ausdruck [4]).

Auf ähnliche Weise kann man sich auch Formeln für die Schwankungen von Emission und Absorption und für die Schwankungen der sich fortpflanzenden Strahlung ableiten. Auf diese Dinge kann hier nicht eingegangen werden, um so mehr, als derzeit geringe Hoffnung besteht, solche Schwankungen experimentell nachzuweisen.

Bloß eines Versuches von Campbell soll gedacht werden, Strahlungsschwankungen nachzuweisen, der das Licht zweier gleich starker Glühlampen auf zwei photoelektrische Zellen fallen ließ und die Schwankungen der Stromstärke zwischen den beiden Zellen galvanometrisch untersuchte. Die tatsächlich so aufgewiesenen Schwankungen können aber immerhin ebensowohl als Schwankungen des photoelektrischen Effektes gedeutet werden.

Literatur zum siebenten Kapitel.

[1] N. Campbell, Proc. Cambr. Phil. Soc. **15**, 310 u. 513 (1910).
[2] A. Einstein, Congres Solvay Bruxelles 1912.
[3] M. v. Laue, Verh. d. D. phys. Ges. **17**, 198 (1915).
[4] H. A. Lorentz, Les theories statistiques en thermodynamique, S. 70 ff.; Note aditionelle IX, 1916.
[5] R. Fürth, Phys. Zeitschr. **20**, 375 (1919).

Schluß.

So haben uns also, wie wir bereits in der Einleitung vorweg nahmen, die Untersuchungen über die Schwankungserscheinungen tatsächlich fast durch das gesamte, bis jetzt bekannte Gebiet der Physik geführt. Wir haben gesehen, welche bedeutenden Aufschlüsse zum Verständnis der physikalischen Vorgänge uns schon die wenigen bis jetzt genauer untersuchten Schwankungsvorgänge zu vermitteln vermögen. Es scheint deshalb von größtem Interesse, das auf diesem Gebiete Erforschte weiter auszubauen und die Untersuchungen auf andere Erscheinungen auszudehnen, um auf diese Weise schließlich auf exakt experimenteller Basis zu einer sicheren Erkenntnis des Mikrokosmos von Materie, Elektrizität und Strahlung zu gelangen.

Autorenregister.

Aristoteles 1.
Avogadro 2.

Barrat 88, 89.
Bateman 70.
Bauer 61.
Bernoulli 12.
Boltzmann 4, 5, 9, 52, 53, 62, 64.
Bormann 84.
Born 74.
Bortkiewicz 79.
Boyle 48, 55, 56.
Bragg 86.
Brown 8, 39, 40, 41, 65, 66, 71, 83.
Buchwald 87.
Burbidge 86.
Burger 33.

Campbell 83, 86, 92.
Clausius 3.
Costantin 47, 49, 56.

Debye 71.
Dember 61.
Demokritos 1.

Ehrenhaft 9, 71.
Einstein 8, 41, 57, 58, 62, 64, 92.
Eitel 47.
Elster 77, 84.
Ernst 83.

Faraday 4, 70.
Flamm 90.
Frank 53.
Friedmann 90.
Fürth 12—16, 17 —19, 23—25, 28, 29—33, 36—38, 50, 53, 58, 61 —63, 65—66, 72 —73.

Gassendi 2.
Gauß 21, 22.
Geiger 78, 79, 80, 81, 88, 90.
Geitel 77, 84.
Gibbs 52, 62, 64, 67.
Gouy 56.

de Haas - Lorentz 56, 71.
Hauer 57.
Helmholtz 3.
Herzfeld 90.
Hess 80.
van t' Hoff 56.

Iljin 47.
Inouie 44.

Jeans 92.

Kamerlingh Onnes 58, 60, 63.
Keesom 60, 63.
Kohlrausch 77, 81.
Kornfeld 68.
Kovarik 80.

Laby 86.
Langevin 72.
Laplace 2.
Laue 53—54, 57, 92.
Lavoisier 2.
Lawson 80, 90.
Lexis 22.
Lorentz 9, 20, 47, 54—55, 58, 64, 71, 92.
Lorenz 47.
Loschmidt 41, 45, 50, 61, 63, 73.

Mach 4.
Mariotte 48.
Marsden 88, 89.
Mauguins 73.
Maxwell 4, 9, 43.
Mayer, R. 3.
Meyer, E. 82, 85, 86.
—, St. 91.
Millikan 71.
Moulin 61.

Newton 2, 12.

Ornstein 33, 67.
Ostwald 4.
Othmer 68.

Perrin 49, 56.
Planck 10.
Podjed 39.
Poisson 17.

Rayleigh 58, 59, 61, 67.

Regener 78, 82.
Rothensteiner 90.
Rutherford 75, 78, 79.

Schreinemakers 63.
Schrödinger 39, 83, 84.
Schweidler 76, 77, 83, 86, 91.
Sella 61.
Smoluchowski 8, 9, 12—13, 17, 20 —21, 22, 25—29, 33—34, 41—43, 47, 58, 60, 61, 63, 65, 66, 68, 70 —71, 72, 73.
Sommerfeld 74, 87.
Stark 86.
Stirling 21.
Stokes 42, 45, 47.
Stücker 68.
Svedberg 44, 78, 80.
Széll 57.

Tyndall 58.

van der Waals 56.
Westgren 42, 45 —47, 49.

Zernike 58, 62, 63, 67.
Zsigmondy 44.

Bisher erschienene Hefte der „Sammlung Vieweg".

Heft 1. Dr. Robert Pohl und Dr. P. Pringsheim-Berlin: *Die licht-elektrischen Erscheinungen.* Mit 36 Abbildungen. M. 3,—.

Heft 2. Dr. C. Freiherr von Girsewald-Berlin-Halensee: *Peroxyde und Persalze.* M. 2,40.

Heft 3. Diplomingenieur Paul Béjeuhr-Charlottenburg: *Der Blériot-Flugapparat und seine Benutzung durch Pégoud vom Standpunkte des Ingenieurs.* Mit 26 Abbildungen. M. 2,—.

Heft 4. Dr. Stanislaw Loria-Krakau: *Die Lichtbrechung in Gasen als physikalisches und chemisches Problem.* Mit 3 Abbildungen und 1 Tafel. M. 3,—.

Heft 5. Professor Dr. A. Gockel-Freiburg i. d. Schweiz: *Die Radioaktivität von Boden und Quellen.* Mit 10 Abbildungen. M. 3,—.

Heft 6. Ingenieur D. Sidersky-Paris: *Brennereifragen: Kontinuierliche Gärung der Rübensäfte. — Kontinuierliche Destillation und Rektifikation.* Mit 24 Abbildungen. M. 1,60.

Heft 7. Hofrat Professor Dr. Ed. Donath und Dr. A. Gröger-Brünn: *Die flüssigen Brennstoffe, ihre Bedeutung und Beschaffung.* Mit 1 Abbildung. M. 2,—.

Heft 8. Geh. Reg.-Rat Professor Dr. Max B. Weinstein-Berlin: *Kräfte und Spannungen. Das Gravitations- und Strahlenfeld.* M. 2,—.

Heft 9/10. Geh. Reg.-Rat Professor Dr. O. Lummer-Breslau: *Verflüssigung der Kohle und Herstellung der Sonnentemperatur.* Mit 50 Abbildungen. M. 5,—.

Heft 11. Dr. E. Przybyllok: *Polhöhen-Schwankungen.* Mit 8 Abbildungen. M. 1,60.

Heft 12. Professor Dr. Albert Oppel-Halle a. S.: *Gewebekulturen und Gewebepflege im Explantat.* Mit 32 Abbildungen. M. 3,—.

Heft 13. Dr. Wilhelm Foerster-Berlin: *Kalenderwesen und Kalenderreform.* M. 1,60.

Heft 14. Dr. O. Zoth-Graz: *Über die Natur der Mischfarben auf Grund der Undulationshypothese.* Mit 3 Textfiguren und 10 Kurventafeln. M. 2,80.

Heft 15. Dr. Siegfried Valentiner-Clausthal: *Die Grundlagen der Quantentheorie in elementarer Darstellung.* 2. erweiterte Auflage. 1919. Mit 8 Abbildungen. M. 3,60.

Heft 16. Dr. Siegfried Valentiner-Clausthal: *Anwendung der Quantenhypothese in der kinetischen Theorie der festen Körper und der Gase. In elementarer Darstellung.* 2. Auflage in Vorbereitung.

Heft 17. Dr. Hans Witte-Wolfenbüttel: *Raum und Zeit im Lichte der neueren Physik.* Eine allgemeinverständliche Entwicklung des raumzeitlichen Relativitätsgedankens bis zum Relativitätsprinzip der Trägheitssysteme. 3. Auflage. M. 2,80.

Heft 18. Dr. Erich Hupka-Tsingtau: *Die Interferenz der Röntgenstrahlen.* Mit 33 Abbild. und 1 Doppeltafel in Lichtdruck. M. 2,60.

Heft 19. Prof. Dr. Robert Kremann-Graz: *Die elektrolytische Darstellung von Legierungen aus wässerigen Lösungen.* Mit 20 Abbildungen. M. 2,40.

Heft 20. Dr. Erik Liebreich-Berlin: *Rost und Rostschutz.* Mit 22 Abbildungen. M. 3,20.

Heft 21. Prof. Dr. Bruno Glatzel-Berlin: *Elektrische Methoden der Momentphotographie.* Mit dem Bild des Verfassers und 51 Abbildungen. M. 3,60.

Heft 22. Prof. Dr. med. et phil. Carl Oppenheimer: *Stoffwechselfermente.* M. 2,80.

Wenden!